水八仙宜子孙

我们奉上一块泥巴，泥巴裹着水八仙，土得掉渣的风物。

慈姑、荸荠、莼菜、水芹、茭白、芡实、菱角、藕。您吃过吗？您知道它们如何生在天地中？您知道它们的故事吗？

苏州人问我们，汉声为什么要花两年的时间编写水八仙？小心离开苏州就卖不动啰。

● **唯吾知足**　水八仙，苏州大自然的精灵。洪水养育了它们，它们水灵，苏州空灵。在传统苏州的天地与人文中，八仙活在天堂。20 世纪 90 年代以来，水八仙传统种植区因为工业区的扩张而逐渐消逝。传统的种植智慧在消散中。连在水八仙传统种植区前戴村，妇女的传统服饰也迅速走向消亡。美好的记忆哪去了？泥土的芬芳哪去了？我们无力挽救什么，只是想告诉苏州人，真味水八仙曾是人与天地自然和谐所产的精灵。失去它们，不只是失去它们，我们还失去了更多。

失去爷爷奶奶用汗水产生的智慧，失去水土交融的尊重，失去我们祖先的生活习俗，失去风流雅士的精致苏州生活。

水八仙又何止苏州。传统风物在现代生活的命运是共通的。

● **不忘初心**　所以我们笨蛋式地努力。自 2010 年 6 月开始，至 2012 年下半年，两年时间，我们头尾到苏州二十余次，在苏州江湾、前港、东山、群力、越溪、石湖、梅湾等十几个村落，实地采访水八仙从育苗到采收的全过程。2011 年底始，我们又让苏州农民、美食家、大厨师、主妇们贡献出水八仙的菜肴。

我们还希望这不仅是一场空前的回忆，而且是新的出发。在苏州官民重新重视水八仙的关头，这本书能让我们诚恳探讨水八仙牵引的生态环境、城市化与农业、水文与自然，特别是原生种消亡的各种问题，寻找新的水八仙智慧。水八仙生存的湿地，是城市之肺，也是城市之肾。城市一定与农业对立吗？保存水八仙，这才是今天对于人类社会与地球的救赎之道。

道能弘人，非人能弘道。守道而行，何愁水八仙无知音。

● **日日是好日**　本套书我们先分为八册，每一册由现场采访手记开篇，详细记录一年的植采田野现场。此是与水八仙"见面"，以此进入对于植物本身体、造、用、化的认识。先详细介绍植物学的归属分类、全株的根茎叶花果种各器官、全生长周期的变化以及不同品系的特征。接下来是培育过程，包括环境、栽种、管理、采收加工等。此是与水八仙"认识"。之后是营养学探讨和中医食疗，以此进入重要又精彩的水八仙食谱。我们与八仙一起"生活"。第四部分为文史篇，包括历史渊源、风俗典故、历代歌咏、在传统艺术上的各种运用，还有水乡人的怀念。这是与水八仙"相忆相爱"。最后的压轴是第九册"救救水八仙"：土地之忧与原生种之忧，还有专家访谈数篇。这是穿透历史与未来的水八仙的"命运"之思。

● **是地方的也是全人类的**　汉声在 42 年的传统文化保护中，特别注重各地乡土带来的风物知识。我们认为除了传统文明教化带来的统一华夏文化，各地相异灿烂的风物也是传统文化生生不息的有机基础。我们做过福建土楼、贵州蜡染、侗族服饰、四川民居、山西面食、宁波年糕、苏南前戴村生育礼俗、惠山泥人、曹雪芹风筝谱……苏州水八仙正是汉声乡土风物系列中重要的一章，未来我们还将推出泰州百工、兴化吃鱼、苏州桃花坞版画、虎丘泥人……汉声将继续关心地方风物的衣食住行，延续我们的乡土风物的系统探索。

什么是民族风味？什么是今日高尚社会追求的奢华？什么是高品质有品位？这块大泥巴想唤醒你的天眼，看透物华天宝表象下的真滋味。

汉声不仅留下一块泥巴，也留下重塑未来的神土，越是地方的，才是全人类的。借水八仙的仙气，让现代人体会日日是好日的风物真味。

爱土、爱水，与水八仙相守，是敬祖宗、宜子孙的事。　　■

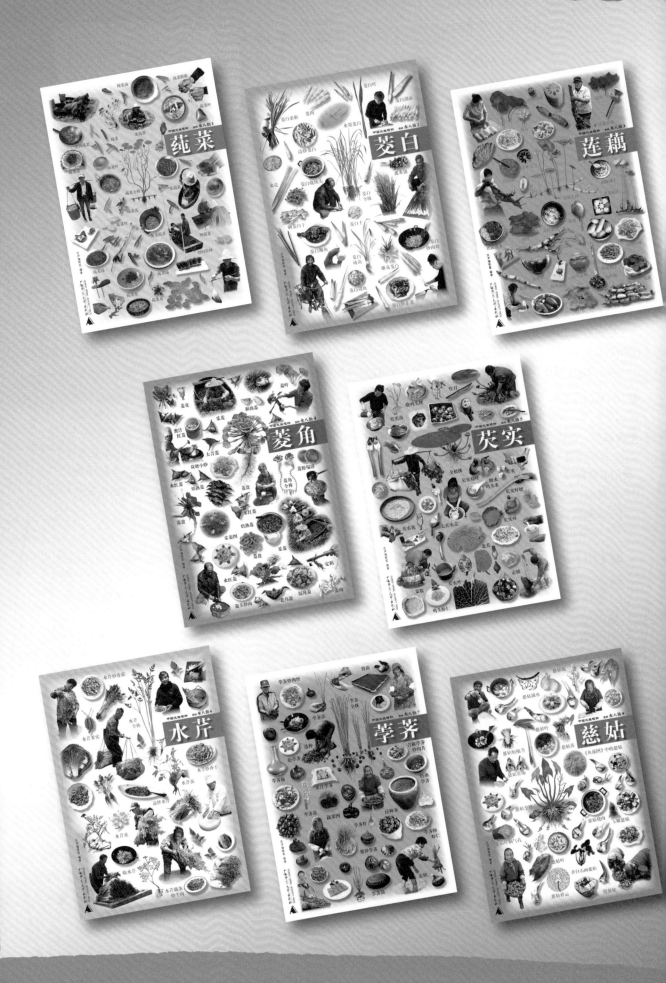

这是件很要紧的事
妈妈
你懂不懂
再耽搁一会儿
纸飞马做成了也没有用
当河水泛滥掩盖陆地
哪里还有我要飞越的
金色麦田
绿色庄园的影子

——泰戈尔

1 土地之忧

文：翟明磊

洪水与水八仙

自然的洪水造就了水八仙。浩大的太湖并不像表面那么平静，它是一个巨大的吞吐湖。每年 6 月 16 日左右入梅，江南苦雨，从西南天目山和西北宜兴溧阳山区而来的两股水源浩荡汇入太湖。平均 1.8 米深的太湖水量大增，从 45 亿立方米骤升到 100 亿立方米。洪水奔涌，向低洼的东南方倾注。特别是娄江、吴淞江、东江一带的三江流域，是洪水的主要通道，形成大量沼泽、水塘、河港。每年 6 月至 8 月，太湖水东南倾，长江潮水顶托，苏州上演水的宏大戏剧。明初良臣夏元吉任苏州御史期间始修水利，在这之前，苏州人只能与洪水贴身肉搏。

7 月的洪水水位在 3.5 米，而苏州有 60% 的土地在 3.5 米之下，也就是说每年苏州有六成面积成了泽国，水利上称之为圩区。其中娄葑、斜塘、车坊一带，特别是黄天荡地区，更是低中之低，地势只有 2.7 米。8 月洪水来临，水位上涨 1 米。水稻、棉花都无法种植，唯有各种耐洪涝的水生植物能生存下来，老百姓只能靠水生作物度日。隋唐以来久而久之，由野生发展到人工栽培，逐渐形成十几种水生植物的规模种植，其中最著名的八种被合称为"水八仙"。"生存决定了物产——水八仙。"苏州文化人王稼句叹道。

这是什么样的场景啊？车坊的江湾村，是苏州最低洼的地方之一。当地人形容："只要下三天大雨，江湾人就要逃跑。"20 世纪 50 年代初，江湾村进入洪水季，屋顶浮在水面，往往需要解放军出动解救村民。江湾所在车坊一带至少从明代开始就种植水生作物，是历史上记载最早的种植地区之一。在洪水中讨生活的村民积累了独特的洪水种植智慧，例如脚挖藕技术，就是专门用于洪水期莲藕的采集。在洪水中，男女脱光衣服，斜撑竹竿，全身泥污奋力用脚挖起藕段。洪水中的生命之歌更为嘹亮。

正是苏州独特的水文条件养育了水八仙。说起水八仙，人们常说"中国看江苏，江苏看苏州"，水八仙成了苏州名片。

传统种植区的形成

古代的苏州农民，在这些洪泛区零星地种植水八仙。江南百姓习于精耕细作，有句俗语说："苏州人只要针脚大的地方都会种根葱。"那时水八仙并没有特别统一的种植区，只要是江河湖滩合适的区域，都能看到水八仙的踪迹。1954 年经过一场特大洪水，苏州兴修水利，大量的圩区安上套闸，建设泵站。做到 4 米水位线洪水无忧，95% 田地旱涝保收。在"以粮为纲"的年代，这些经过水利建设的地方大多改种了水稻。

五六十年代，苏州水八仙的种植区开始集中在葑门外的娄葑乡，特别是黄天荡一带。

为什么集中在这个区域而不是别处？其一，黄天荡一带，特别是星红、群力、友谊 3 个大队，地势低洼，多为烂田，水多土松。若种植水稻，成熟后就会因自重而倒伏。虽然政府大力推广天井稻，即以茭白为墙，中间栽稻的水田种植法，但仍是效益低下。所以即使在"以粮为纲"的时代，这 3 个大队仍被政府指定以种植水生植物为主，专门供应苏州市场。和别的地方农民不同，他们不种粮食，向蔬菜公司上交水八仙，再用购粮卡换来粮食。其二，黄天荡一带是苏州近郊，靠近葑门，大量的水八仙可以直接

工业区吞没农田，消费者乡情淡漠
农民不再种本地品种，本土种植智慧流失
风物知识成了绝响

如今，是苏州水八仙生死存亡的时代
也是转折的时代
水八仙的命运折射出
传统风物在现代化中的危机

1966 年娄葑公社群力大队社员围垦黄天荡

供应苏州城市民。其三，同样地势低洼有种植水八仙条件的吴江地区，因为有传统的丝织业，衣被天下。大量的田地被用来种桑养蚕，以获得更好的经济效益。

长久以来，黄天荡一带的农民因为大面积种植水八仙，积累了丰富的种植智慧。特别是群力村，是独一无二的芡实种植专业村。苏州芡实自古有名，明代芡实的人工栽培技术已达很高水平，当时的育苗移栽和芦秆定植法在群力村得以保存下来。群力村的口剥芡实的绝技让人叹为观止：右手递，左手接，放进口，吐出壳，嘴满一二十颗方吐，一小时可剥 7 斤。其他村的村民要种水八仙往往要向他们讨教。而福建漳州、四川泸州、安徽巢湖的芡实也都是从群力村引种引技术。

至 70 年代，为了种粮食，通过大规模的两次围湖造田，政府逐步填平了千年黄天荡。黄天荡没有了，但因为水生植物经济效益好，黄天荡农民却依旧主要以水八仙为生。

进入 80 年代后，娄葑乡更是形成了 8000 亩的水八仙种植规模。

吞食者到来

90 年代开始，水八仙面临前所未有的生存危机。新加坡政府主导的苏州工业园区选址拒绝了苏州市政府提出的西北部高新区的方案，选择在苏州东南部落脚，直接与传统的水八仙区域争夺土地。这里本来地势低洼，土质松软，并不适合建厂房工地。但因为邻近上海，具有区域竞争优势。在投入巨大的三通一平基建投资后，工业园区整体垫高近 50 厘米，大量的水八仙田地被征用。

1992 年计划确定，1994 年苏州工业园区正式成立。一开始是 8 平方公里，建设在以娄葑乡金鸡区东环路为中心的区域。随着效益的提高，许多地方开始主动提出接受辐射：在开发区里设公司，在外面设工厂，享受开发区政策。这样越来越多的农田变成厂房，万科等房产公司也随后跟进。工业区扩大到 288 平方公里，相当于苏州古城面积（14.2 平方公里）的 20 倍。目前占有 5 个乡镇：娄葑、跨塘、斜塘、唯亭、胜浦。

千年未有的城市膨胀速度！

流浪的水八仙

星红、群力、友谊村传统的水八仙基地消亡。高楼林立，车道纵横，哪有绿色庄园的影子？村民们在失去土地后开始向外面租地种植水八仙，成了流浪的农民。一道奇

现在的黄天荡，已经成为高楼林立的现代化小区

特景观出现了：凌晨，农民们从高楼坐电梯下来，带着工具坐农车前往半小时至一小时车程外的农田种植水八仙。收工后回家享受城市生活，高楼阳台上晾晒着芡实种子。昂贵的种植成本，使无奈的村民不得不以出租房屋和去工厂打工来贴补农业生产的成本。"当时苏州哪个工厂没有群力村的人，就不要叫工厂了。"村民说。每月每人300元的生活补贴，失地农民只有靠种植传统水八仙自救。以群力村为例，七千户人家家家在外包地种植水八仙（以芡实为主），他们不得不从田老板（土地中介）那里以1200元一亩的租地费包下外村的土地。早些年，外村往往以荒地承包给群力人，经过一两年耕种后又收回，群力人流汗耕种却没有自己的土地。

"最苦不过群力人，我们像开荒者一样。"

土地征用的另一个后果是传统品种的消亡。以茭白为例，娄葑镇土地征用后，一开始村民享受土地征用费，没有种田，三年后征地费未涨，生活成本增加，无路可走的村民再次走上种植水八仙之路。但三年种植的中断，外来茭白品种打进市场。本地品种没有留种，从而大量消亡。

八仙哪里去

城市侵吞着农村，苏州的水稻田在20年间从400万亩降至100万亩。水八仙田地更是大量被蚕食。面积变动较小的是藕，仍维持在1.5万亩。变动最大的是莼菜，因为对水质要求很高。由于工业化的进

程，一方面污染加大，一方面大量田地铺上水泥，天然水无法通过泥土渗透自净。苏州水质日益下降，目前能游泳的水（二类与三类水）只占20%，污水五类、类五类水占了43%。

所以莼菜从近代的数万亩下降为90年代初的3000亩，2011年只剩下最后的624亩；茭白从20世纪80年代2.3万亩下降到2011年的9000亩；水芹从1.6万亩下降到2011年4000亩；慈姑从7500亩下降至4000亩；荸荠从1万亩下降到4000亩；芡实从2005年1万亩下降到2011年的4000亩；菱角从2005年的8000亩下降到4000亩。水八仙总面积从8.2万亩（2002年）下降至2011年的4.4万亩。（数据来源：苏州农业局）

更为严重的是种植人员的老龄化。30岁以下几乎无人种水八仙，太苦太累，水生种植满身是泥，年轻人视为没有身份面子。

1994年娄葑水八仙基地消亡后，苏州市民的水八仙供应成了问题。苏州市领导开始重视，积极寻找解决的方法。也就是在这时，苏州农业条线打出了"水八仙"的牌子。在农业部门协调下，在车坊形成了6000亩的荸荠、慈姑的新种植田。目前在同里澄湖一带投入3000万元，试图建立与车坊融合的万亩水八仙基地。新的水八仙基地能否完全替代传统基地，还有待观察。有业内人士指出，部分基地是回土重填在沙土上的。

同时苏州西南边临湖、浦

响应中央"以粮为纲"的号召
1966年经苏州市委批准
群力村填平了南黄天荡

1974年，苏州政府出动十万人
填平了千年黄天荡，总面积1848亩
这是当年红旗招展的填湖工地
黄天荡填平后改种水稻

1994年，群力村拆迁后土地被征用
兴建了众多商品房
2000年群力村所有土地被征收完

被征地的群力村民住上群星苑
地被征用后，七千户群力村民
只有远去外村包地种芡实

每天坐电梯上下高楼
花半小时到一个小时赶路去种田
收获芡实后，只有在自家高楼阳台上晾晒
形成了千古未有的独特农业景观
流浪芡农的生存引发人们思索

庄发展种芡实的新基地，西北边浒墅关发展茭白、芡实基地。

虽然有基地的重建，但传统种植区的传统种植智慧，随着种植户的老化也需要紧急抢救。传统种植区的消亡和转移是否会引起水八仙品质变化也值得探索。例如传统群力村以阳澄湖、独墅湖水为芡实的水源，与现在吴江的太湖水为水源的新种植芡实在风味上是否会有差别，也说法不一。

石湖的忧伤

然而水八仙与城市的争夺战仍在进行中。

争夺的新因素是城市景观。苏州将石湖进行景观开发，纳入苏州市区，在开发石湖时将湖挖深至 3 米至 11 米。结果自古产水红菱的石湖便无法种植水红菱了（水红菱种植深度在 1.5 米至 2 米左右）。以前石湖日产菱角两三万斤，其中四分之一是红菱。如今景区强行禁止村民种哪怕一亩的菱角，理由是菱角污染，破坏景观。祖祖辈辈种植的水红菱成了污染物，村民百思不得其解。而据农林局专家介绍：红菱在采摘后，菱盘自然腐烂，只要管理得当，不让其到处漂浮，其实并不会构成污染。

实际是景区的一刀切的僵硬管理方式与农民栽种利益构成了冲突。

村民周根福称：目前石湖仍有五六亩适合种菱的区域，能否让村民种植，恢复千年采红菱景观。

太湖东岸有近万亩芡实种植田，近来接到政府通知，为了消除环境污染也要取消栽种。

水八仙种植在湿地可维持自然生态，是地球解决污染的肾脏，也是给大地呼吐氧气的肺脏，为何要取消？

地球哭泣，大地反扑，保存水八仙是今人的救赎之道。

城市与水八仙互不相让，人们在寻找新的智慧。

原生种之忧

上千年来，苏州农夫培育出许多优秀的水八仙本土品种。短短 30 多年来，它们却只留下背影与芬芳，成为传说。

苏荠悲歌

苏州的荸荠自古出名。红润而透亮，民国时在京城就要三枚铜板一个。它的口味脆而糯，皮薄。放在篮中挂起，风干后皮皱起，剥开品尝滋味更甜脆。鲁迅的小说中便记录了这种独特的吃法。苏州美食家叶放这么形容苏荠的滋味："本地荸荠脆，带水分，风干后，皮皱了，里面还是脆甜，细咬下还有土味的清气。这是泥土带来的清气。"

这种甜脆常让旧时苏州人把它当水果出售，十多个苏荠剥了皮串在竹签上，雪白雪白的放在水果摊上，是苏州人儿时的记忆。在吃年夜饭时，苏州人还把不剥皮的苏荠埋在饭里，吃到荸荠，就叫作"挖元宝"。带着饭香的"元宝"甜糯，是游子们舌尖上的故乡。

周作人的诗，形容村中覆额小丫："小辫朝天红线扎，分明一只小荸荠。"只有苏荠的红润才能带来水灵的联想。

但是，可以入画入诗的苏荠没有了。

80 年代初，苏州引进了余杭"大红袍"、广西"桂林马蹄"，推广了 3000 亩。苏荠的脐凹（即底部内凹）不适于需要削平的罐头加工，"大红袍"和"桂林马蹄"脐平，产量又大。而且苏荠皮薄，不易保存和运输。之后农民们又引进了安徽的"廊西种"，口感没有苏荠的甜脆，个子却大而黑，一亩可收 8000 斤，苏荠一亩只能收 3000 斤。在市场上，消费者不知道滋味的奥妙，也往往选择个大的产品。

生命是脆弱的，原生种也是脆弱的。只要一年没种，没有留种就可能消亡。

农民不种苏荠后，苏州蔬菜研究所还保有苏荠品种，一年年种了下去，延续这一微弱的血脉。不料有一年，三港村合作的技术员把研究所苏荠种放在横泾上林村，一冬天没管好。烂掉了。

苏荠从此绝矣。

（蔬菜研究所鲍忠洲所长称：现在唯一的希望是武汉蔬菜研究所也许还有苏荠品种，但他也没有把握。）

本地品种消亡带来的危机在 2012 年春天显露无遗。笔者在走访江湾村时，农民怨声载道："荸荠今年卖不出去！"江湾村的码头上围坐着愁眉不展的农夫们。70 岁的江湾村民兴全说：

"我种了四五亩荸荠，今年肯定亏了。带泥的一斤只卖三毛，以前要一块三一斤。卖不动，这码头三天只卖了一大袋，只有 60 斤。因为安徽种得多了。安徽那边国家有补贴，我们还要巴地费（租地费），怎么竞争得过人家。"——因为和安徽种的是一个品种的荸荠，同质竞争，苏州农民失去了竞争优势。

风土知识的沦丧

苏荠的命运只是苏州水八仙原生种的一个缩影。

这里面有没有一个共通的规律？

在美食家叶放看来：一方水土养一方人，生物也不例

苏荠消亡，本地茭白没人种
苏州圆叶芹命垂一线
野生莼菜失踪，珍品菱角失传
水八仙存亡的时代，也是转折的时代
水八仙的命运折射出
传统风物在现代化中的危机

外，苏州原生种往往以脆嫩细洁见长。

"本地慈姑也是水分多，切片炒大蒜，特别清香，而且不会散。外地的因为比较干，水分少，炒时容易粉碎。'苏州黄'慈姑被称为嫌贫爱富菜，多与肉类炒制。

"水八仙多与肉类做，因为阴阳平衡，水是阴，肉是阳。酸碱平衡，肉是酸的，水八仙是碱性的。而本地品种的糯嫩、香味浓郁在口感上与肉类是绝佳的搭配。"

可是现在的苏州人已逐渐淡忘水八仙中丰富的风土知识。苏州黄慈姑个大，性糯，因为比外地品种多出一道毛线（环状节），俗称"三道杠"，品相略差，现在苏州市场上多为浙江的沈荡慈姑。

没有风土知识的市场选择往往单一。

叶放分析说："本地品种大多上市慢，例如蚕豆，客地蚕豆特别大但皮老，熟得早。苏州本地蚕豆要 5 月下旬才出现。本地蚕豆又叫'牛踏扁'，嫩酥，可以连皮吃。苏州的韭菜也是这样。苏州枇杷是腰圆形的，白玉种，鲜甜，也要等 6 月份才上市。苏州的藕脆嫩，可以切成细丝炒菜。

"本地品种生长慢，才会长得细密好吃。就像硬木生长一样，好的木头长得慢，密才是好材。

"当年苏州人饮食讲时令，而不是贪早，就是到什么时令吃什么。四季四鲜，不时不食。以前因为苏州人有这个习俗，所以外地人打不进来。这种饮食是道法自然的，顺应自然中形成的。

"就像吃长江三白中的白鱼，白鱼清明交配成功，一身子，当成子时，母鱼的油也干了，刺也硬了，营养转化成子了。所以一定要明前吃。传统中又配合休渔期。晚清时就有渔政法。既当令，又保育资源。鱼不会疯狂，人会，当现代人的欲望膨胀时，就没有白鱼吃了。

"这 60 年，最大的失败是把苏州的精致文化破坏了。这种精致文化破坏了，风土品味也就破坏了，本地品种就消亡了。"

文化学者王稼句说："水八仙的时兴与苏州人喜欢吃时兴菜有关。《清嘉录》有记录，苏州人是轮到什么时候

就吃什么菜。韭菜塘鱼是菜花黄时吃，秋风起就吃芡实。"这种风土感受细腻微妙，往往是本地物种保存的人文基础。日本是最早重视这一点的，在日本许多地方将风土感受列为文化财产加以保护。例如对红叶的感受，对本土气候变化的感受等。可以说苏州人的风物感受造就了水八仙原生品种的长期存在。因此保护苏州本土种必须与保护和推广苏州人独有的饮食风土感受结合起来。

全军覆没的本土茭白

苏州茭白的历史可以追溯至商末周初。传说在吴国始祖泰伯的葬礼上，人们就用茭白叶寄托哀思。苏州东南有个"葑门"，葑即茭白根与土块交结之意。明代苏州的梅湾，就有四月熟的"吕公茭"，传为吕洞宾所留。经过千百年的选育，苏州本地茭白形成了以村庄为分布点的众多品种，如葑红村、葑塘村的"大蜡台""中蜡台""小蜡台"，群力村的"中秋茭""大头青种"，友谊村的"吴江茭"，茭白荡村的"四月茭"，还有各村种植的"两头早""杨梅茭"。每个品种都有自己的故事，例如"葑红早"，就是在葑红村茭田里偶然发现的优良品种，兼具"小蜡台""两头早"的优点。

苏州茭白，与外地茭白口感有差异，更加"细洁"。美食家叶放称，高超的苏州厨师还可以用这些茭白雕成玉兰花。这些品种曾纷纷被外地引种，例如，浙江"龙茭二号"就是从苏州种培养出来的。古代"吕公茭"也就是现在的两熟茭"四月茭"，被浙江引种。各个村庄得天独厚的条件与精耕细作的农民孕育着这些"茭白精灵"。但随着这些村庄被征地拆迁，优秀的苏州传统茭白品种纷纷绝迹。

苏州老百姓用天然方法培育成熟的茭白种，但是敌不过早就受市场经济洗礼的外地茭白。苏州茭白5月份上市，但浙江台州黄岩用大棚种茭白，3～4月就上市。有的甚至使用激素，半个月就成熟，肉质粗糙。苏州的茭白色泽略发青，有的不良商家还用漂白剂浸出雪白的茭白。没有风土经验的消费者往往贪早、贪大、贪白，买到品质低下的茭白。

苏州农民严格地按轮种方式：同一块土地第一年种茭白，第二年则种其他作物，茭白墩移到其他田块种植，以保持田力，也能培育出更好的茭白。而浙江大规模生产常年种茭白。鲍忠洲称："苏州早熟种还是按传统方法一亩4000棵，行距60厘米，株距40厘米。而浙江有些地方则密集种植，施各种化肥激素，茭白个头大，产量1500斤一亩，商品性就好，卖相也好。"如今肥胖的外地茭白占据了苏州茭白田。

老鲍仍不死心："小蜡台是好品种。外地引进品种代替不了本地种，因为我们虽然个子小，但上市很早。怎么改进，提高产量是我要动脑子的，因为我们种得稀。另外我们一熟茭、白种，如东山、十月白，我按两熟茭种植也行。"

专家口中的专有名词"商品性"就是老百姓说的卖相。在没有风土知识的消费者眼里，个大、好看、白嫩，构成了商品性的标准。消费者的市场标准又主导了种植者。而实际上，"好吃的往往不好看，例如苏州本地优良品种小蜡台，肉质细嫩，但是个小皮青。"鲍所长教我们读者一个窍门，"判断茭白好不好不是看个大不大，而是切片后看沉不沉水，沉水就说明肉质细密，好。"

命垂一线圆叶芹

三千年前的《诗经·鲁颂·泮水》写道："思乐泮水，薄采其芹。"后世泮宫成为各地学宫的代名词，因为泮水中曾有水芹生长，也就把中秀才称之为"入泮"或"采芹"，清白水芹就这样和读书人挂上钩了。所以《红楼梦》中有对子"新涨绿添浣葛处，好云香护采芹人"。还有"野人献芹"的典故，连辛弃疾把他给南宋王朝的忠言也命为《美芹十论》。水芹，摇曳在水边，气节与儒雅的影子，清气满乾坤。

长久以来，苏州的水滨有一种特别的水芹，名为"苏州圆叶芹"。它生得比一般水芹柔弱，立根在较深的水中，生长较慢，散发着特别的香气，自古以来便是有名的美食。美食家叶放称："苏州圆叶芹有一股药香，淡淡的。苏州本地的植物总有一股特别的香味，如草头用白酒调一下，有春天绿芽的清气。有一种苦香，凉苦之香。苏州圆叶芹，白秆细嫩，特别容易附油后渗透植株，转化成特别的好味道。"

苏州的圆叶芹还有一个特别的美质：水芹含有挥发油、甾醇类、脂肪酸类、黄酮类成分，抗肝病，抗心律失常，抗糖尿病，降血压血脂，功效大部分源于丰富的纤维含量。经纤维仪测定，全国30多个水芹品种粗纤维含量以苏州圆叶芹最高，总膳食纤维含量，苏州圆叶芹又是最高。

为了种植圆叶芹，苏州农夫发展出一门独特的种植方法"深栽培土"：在水芹幼苗长到一定高度后，将其挖起再入上深栽软化，茎部得以变白。其他地方采用培土，或是加水的方法，相比之下，苏州的深栽法需要更多的劳动，而风味品质也更佳。

然而美好的总是那么少。苏州圆叶芹上市早，12月份就芬香上市，因此亩产量不高，只有四五千斤。而无锡玉祈红芹产量可达每亩九千至上万斤。农民趋利是一种必然。

苏州圆叶芹一度断种了。

从此鲍所长愁眉不展。直到有一天，梅湾村一个外号"吃不饱"的村民突然打来电话："上方山邮电培训中心的半山腰里发现几株圆叶芹！"我们才得与圆叶芹重逢。

目前这些幸存的植株在苏州蔬菜研究所精心保育。为了让低产量的圆叶芹有市场竞争优势，鲍忠洲发展了水芹的新吃法：吃芽。冬天用石棉瓦压倒圆叶芹，3～4月拔节，就会出芽。5月份上市。满口清香，爽嫩多汁。

芬芳情怀谁与识？

苏州圆叶芹命垂一线。

白花芡传奇

苏州市水生蔬菜研究所的老所长鲍忠洲70岁了，他一生情系水八仙50年。年轻时，他每一天一辆自行车，骑遍苏州郊区10多个大队。人们总看到他不戴帽子和农民一起赤脚下田。这么多年来，他一直致力于给农民引进各种水八仙品种，让农民致富。"现在反思，我们引进品种标准还是单一的，只重产量与口味。"当年他引进了20多种外地茭白。如今，他致力于本土种的保护，建立水生蔬菜资源圃。

"保护本土种水八仙意义何在？产量低不应当被淘汰吗？除了文化与生物保育意义，本土种保护价值何在？"笔者的问题让鲍所长沉思良久。也许当年他也走过如此认知弯路。

"原生种，也就是本地种，抗病性耐寒性都好。今年冬天冷，结果水芹外来种发苗少了三分之一。"

保护本土种优势何在？

老鲍给我讲了一个故事。

史书记载，苏州有一种白花芡实，可是没有人见过。

1985年的一天，东太湖农场技术员许四男不敢相信自己的眼睛，在万株紫花芡实中，他分明看到了一朵白色的芡实花。这是许多年来唯一的一枝啊。

那天晚上，鲍忠洲没有睡好，第二天他凌晨5点骑自行车到阊门。没想到班车已开走了。他和同事就骑自行车从苏州东郊一路骑到太湖边。满头大汗却心花怒放，取回了白花芡实的种子。白花芡实籽大数目少，紫花芡实籽小数目多。老鲍将两者交配，第一次培育出籽大数目多的杂交品种。芡米仁第一次达到直径1.2厘米，产量增加了20%。当时被群力村队长吴小男种在田地，被新升大队村书记劳模金泉生看见了，就拿出去，由他们来选种，老百姓口口相传，就推广开了。

讲起那年的发现，老鲍仍是激动不已。真是奇迹，只有那么一朵白花！这就是本土种的馈赠，漫长岁月中，它们就在那，平凡无奇，却等待着给予。

这次杂交的后代遍及苏州，也造就了如今芡实种产销兴旺的大局。之后老鲍进行了苏芡与刺芡的杂交，花了6年时间。2007年又进行了芡实与王莲的杂交。

野生莼菜的背影

莼菜要求水质清冽，而苏州水质每况愈下。近代的苏州曾有数万亩莼菜浮在水面，近年一度只有624亩。

直到20世纪70年代还在太湖东山发现一片280亩的野生莼菜。鲍所长回忆起最后一次与野生莼菜失之交臂的故事，至今仍惋惜不已。

"80年代上方山梅湾村有个祠堂，当时在祠前塘中发现了野生莼菜，水中茎上的胶质可挂一米多长。叶子很小，半亩。很珍贵。后来特意除了杂草，上了点有机肥，但是清水弄浑，反而搞坏了。90年代就消失了。塘也没有了，很可惜。"

"胶质整整有一米长啊！"老鲍用手比画着，如果野生莼菜能保留下来，也许他可以谱写另一个"莼菜传奇"。

被驱赶的菱角

菱角是最富音乐感的水生植物。在线装书中，菱歌处处。

"采菱科，采菱科，小舟日日临清波。菱科采得余几何，竟无人唱采菱歌。风流无复越溪女，但采菱科救饥馁。"这首菱歌说明了菱曾作为饥荒救灾的食物被人们利用。

早在3000年前的《周礼》中就有"加笾之食，菱芡栗脯"的记载。太湖中菱的种植，在春秋时就已著名，"菱湖"之名即因吴王于此植菱而来。"宋代吴郡人范成大《吴郡志》亦记有"……今苏州折腰菱多两角，折腰菱，唐甚贵之。今名腰菱，有野菱、家菱二种。近世复出馄饨菱，最甘香，腰菱废矣"。

自宋代以来便已闻名的"水红菱"至今还在。苏州水红菱，水淋淋，红透亮，让想起吴越女的红艳。正如前文所说，水红菱处境不妙，传统的种植地石湖下了禁种令，菱户只有到越溪种植。

甘香的馄饨菱如今已难觅成片的身影，而白色没有角的和尚菱也面临失传的危险。

自然的洪水造就了水八仙，城市化商业化的洪水却淹没了苏州水八仙。

今天，是苏州水八仙生死存亡的时代，也是转折的时代，水八仙的命运折射出传统风物在现代化中的危机。如果没有有识之士的协力保护，苏州水八仙危矣！汉声愿意在此提供一个平台供有识之士作为。∎

地之忧

夏铸九教授谈：

维生农业不是夕阳

采访整理：翟明磊

飞速城市化的根源

翟：采访中有一个很大的困惑，所有的人承认城市化对水八仙的影响，但异口同声说城市化是不可避免的，甚至连农民也这么说。现在苏州工业园区面积是古城的 20 倍，如何看待这种飞速城市化？

夏：这个主流的观点正是我要批判的。这是发展主义与西方中心的观点。这个观点很简单：认为城市化就是人口的空间集中。认为这是发展的唯一一条单行道，是世界共通的城市化之路。大众对这种理论其实没有什么辨析能力，主要依据的是西方 500 年的经验，就是从文艺复兴后，地理大发现、理性主义、工业革命的发展经验。即使这样的过程，西方有反省能力的学者也指出：西方这城市化 500 年，还是鲁莽的步伐，带来社会与环境的极大的破坏。这个西方城市化主流观点基本上假设了城市化等于工业化，等于资本主义化，等于西方化，等于现代化。

这个观点在 20 世纪 70 年代受到批判。因为全世界有新的经验证明它是不对的。在亚非拉出现城市化第二个模式：人口空间集中化的这个过程，没有伴随着经济发展。绝大部分第三世界国家，出现过度都市化——不该来这么多人，我们能提供的就业是 10 个人，结果来了 50 个人。而乡村的农业受到破坏，可是城市里没有足够的经济发展，所以找不到工作，失业了。尤其是找不到政府规划认可的所谓工业化部的这些工作，大部分是打零工，或者我们称为"山寨"的经济。他们的城市化就没有按西方的经验这样走，在亚非拉这些国家，证明城市化并不等于工业化、现代化。你怎么能说城市化与工业化、现代化、西方化相等呢，所以产生了种种问题。

翟：在全球范围内城市化还有其他模式吗？

夏：城市化第三类模式是：亚洲四小龙、四小虎。就是经济发展也起来了，可是城市化速度也很快。西方花了 500 年，亚洲四小龙，像中国台湾地区，还有韩国，花了 50 年，四小龙的城市化模式不被大家当回事，因为太小了。能不能当作一个类型，学术界还有很多争论。就在这时，中国的个案产生了，中国的个案遵循的是四小龙模式，它和第三类很像。

翟：有趣的是苏州工业园区一开始却是新加坡主导的。

夏：我在苏州工业园区参访时，他们放了一段影片，就看到邓小平在讲话："新加坡经济很有意思，值得我们学习。"这就是很直截了当的证据。有意思的是，中国不是四小龙。经济发展来了，这是相同的。可是它的速度之快，规模之大，是四小龙不能相提并论的，四小龙 50 年，中国 25 年。四小龙被国际上认为是花生米，弹丸一样大的地方，没有理论与应用上的意义。中国城市化不仅规模大，而且被认为人类历史上没有过的。这种城市化

西方有反省能力的学者指出

西方这城市化 500 年

还是鲁莽的步伐

带来社会与环境的极大的破坏

人口是以"亿"的规模流动。大量的农民工，不是工人，也不是农民，却是最廉价的劳动力。加上政府对于国有土地的快速有效批租就是造成中国大陆经济发展快速的重要动力，甚至造成地方政府主要的财源就是土地。一方面使得中国经济发展和城市化可以这么快速；另一方面，却因为是地方政府的主要收入，造成都市膨胀，环境的破坏，对农民伤害。房价打压不下去，也因为土地是地方政府主要收入来源。

这第四类城市化，就是我们要讨论的中国模式。中国政府其实是有能力的，但这个城市化这么快，对中国来讲，是人类历史上前所未有的，它也不晓得怎么办，就出现了许多问题。比如三峡，当时专家想了很多建成后要克服的问题。结果有一件事情，他们做梦都没有想过。整个三峡大坝上游，长江两岸的人民几千年来养成习惯了，农业社会嘛，垃圾就往长江扔，几千年也没事。现在不一样了，中国有了塑料袋了。结果这垃圾和海一样大，无边无际，全集中在三峡大坝口上，会把大坝给毁了。中国还设计了垃圾船，专门挖垃圾。我举的这个例子——这还是多么微小的问题，都是事先不能想到的。中国城市化来得这么快，这么大，水八仙的问题只是其中一个。

两元对立的错误

夏：苏州工业园区与过去的金鸡湖周边之间原住民的关系，是农民工组织、制造业雇佣劳动组织、园区的高科技服务业雇佣劳动组织与农民组织、移动的水耕农民组织之间的关系，他们在生产空间上的分化，两者之间既非两元对立的关系，没有必然具备的天生优势，城市与乡村之间的关系也不见得是像自然一般的连续演化，它的关系改变是国家政策引导下的飞速改变。

翟：我们思维中把城市化与农业对立起来，而且是不可妥协的。你提到这是两种生产组织形式，没有高下。现在的模式是，城市化发展中农业是注定要牺牲的，以完成城市化的发展，然后在发展后，从经济中给以补偿，现在也确实给予了补偿，农民住上了高楼，这在以前是不可想象的。当然农民会说收入有问题。那官员会说"这是发展中的问题，我们会用发展的眼光来看待这些问题"。——基本上是这种论调。苏州工业区是苏州古城的20倍，其用地没有必要全部是工业用地，如果有微妙协调，能否产生互相之间更新的关系。

夏：有两个层次，第一个层次，是城市化过程中，农业用地与工业用地，工业园区工业资本及雇工与传统耕种利益的冲突。对土地赋予的意义是地方政府发展的都市计划，将土地规划给苏州东边西边两个工业园区。这种对未来发展的憧憬，带动了苏州快速的经济发展。我不愿意说"要用传统的观点，即用工业优位的观点，农业是要被淘汰的"。水八仙产值是小得多，可是就应该被历史洪流淘汰掉吗？我不愿意用这样的观点，一，这是偏见；二，也讨论不清楚问题。但是我承认，这有很大的冲突。本质很不同。对于苏州的发展，是提出了完全不同的明天。其实是对地方发展定位的不同。

至于你问工业区需不需要这么大的呢，这只是城市化规模与过程的问题，类似问题诸

中国政府其实是有能力的
但这个城市化这么快
对中国来讲，是人类历史上前所未有的
它也不晓得怎么办，就出现了许多问题
中国城市化来得这么快，这么大
水八仙的问题只是其中一个

如：是不是手段可以细腻一点。

　　第二个层次，苏州的农业中，水八仙是非常精彩的。我看到你文章还是蛮感动的。你看原来救荒的植物，其实是农民和低洼地区的洪水搏斗中演进，从隋唐开始，慢慢发展出来水八仙生产。让水八仙变得不但有经济的价值还有文化的意义。这个过程，不是自古皆然的，而是代代积累。这很有意思，是中国区域文化的结晶。水八仙，是传统的，与地方文化有关，是区域文化支持出来的，饱含地方智慧的农业生产。

　　这样精彩的农业不能单单用产值来衡量。

翟：其实技术含量蛮高的。种芡实的农民，一开始要向别人学，整晚上还睡不着觉，琢磨自己田为什么种不好。水八仙本来是救荒，然后有人欣赏，改变品种，积累种植技术。像芡实的芦根定位法，在明正德年间就有，后来转移到红菱种植中，到了北方农民不可能种得这么精细。它有苏州文化意味。

夏：你看阳澄湖蟹，品质是全世界第一。其他地方想尽办法养，养不出来。

翟：这和我们判断标准单一有关，水八仙产值确实没有工业园区高。反过头来，更宽泛地来比较，工业园区很多地方也有，像水八仙，像螃蟹，是苏州独一无二的。

夏：我不同意你对苏州工业园区的简单看法。苏州工业园区，在中国这么多园区中，也是很特别的，它又和新加坡合作，档次高一些。我了解过苏州高科技园区建设规划过程。比较地方政府的能力，苏州一等一的，比台湾强，素质也很高，制度设计蛮高明。所以整个苏州GDP的成长在江苏是首屈一指，是超过省会城市南京的。苏州地方政府清楚知道高科技园区定位角色，这个才是要害。这个高科技引进对苏州经济发展是有利的。高科技对地方民生经济前景的实质贡献，作为水八仙基地你很难与之竞争了，农民是委屈的，这是苏州版本的特殊性。园区产业有它厉害的地方：实打实的高科技；农业也是有特色的地方：独一无二的水八仙。两个都有特色。我不愿意用先入为主的，有偏见的主流观点，说工业一定比农业好。这两个都蛮有特色。这就是苏州了。

　　在承认苏州工业园区的成功与合理性的同时，我们也要关照水八仙，思考两者共存的可能性。

消灭维生农业的错误

翟：为什么说像水八仙这样与工业相比产值又低，劳动量又大的传统农业不应当被淘汰呢？

夏：举个例子。象牙海岸（科特迪瓦共和国），是西非国家中的"四小龙"，西非别的国家移民会跑到象牙海岸去打工。但象牙海岸的农民有多惨！他们的维生农业全部被总统的"远见"摧毁掉了。为什么？总统觉得应该来种糖，糖的价钱在世界市场比较高，糖是经济作物，我要卖到世界市场上去。总统指令全国种糖，传统农业整个放弃掉，粮食改成糖。全国向国际金融界举巨债购买制糖机器，结果呢，等它糖种出来的那一年，国际糖价跌到

水八仙，是传统的，与地方文化有关
是区域文化支持出来的，饱含地方智慧的农业生产
这样精彩的农业不能单单用产值来衡量

13

没有人要。这下惨了，他们的糖堆在码头上运不出去。价钱太差，又要还利息，利息还不了，负债一大堆。老百姓没有食物吃了。——本来打算卖糖赚钱后从世界市场上买进来粮食，结果钱没有了，老百姓又不能专吃糖。最后跨国公司再进来买下象牙海岸的国有制糖公司，这一折腾，象牙海岸什么都没有了。这个例子对象牙海岸社会结构有重大影响：人民没得粮食吃，人民改种糖，又把区域劳动力调进来，全国人口布局都变了，连殖民地时期的最传统的种植园都在种糖了。整个社会被破坏了。

另一个例子是哥斯达黎加。哥斯达黎加觉得牛肉市场红火，要卖牛排给美国人才赚钱，就把全国农地改成牧场。等他们全国养牛时，国际牛肉价钱大跌，养的牛入不敷出，这是很有名的例子。在这世界市场国际分工中，主动地分工养牛制糖不一定有好下场，农业也不例外。糖的故事，背后就是国际糖公司操控糖价，打击象牙海岸。象牙海岸当然不是对手，几下子，工厂也是别人的了。

消灭传统农业，经济问题会变成社会问题

翟：这对苏州的教训是坚持本土维生农业的重要性。

夏：苏州没这问题。苏州农业并没纳入不稳定的世界市场，这是因为地方维生农业没有被摧毁。水八仙就是最有特色的维生农业。苏州地方政府对水八仙还是有投注一点心力，蛮在乎苏州地方特色农业的发展。农业不是人们所认为的——没有价值，应该很轻率，很容易地被替代掉。即使在这么低洼的地方，人们在历史实践中精心建构的地方农业生产也是区域文化的一个组织部分。水八仙维生农业不仅让当地农民得以温饱，也保存了他们的风俗与社会关系。

翟：我感到苏州政府对水八仙田地的侵占问题还是有危机感的，他们有紧迫感，不仅重新开发种植基地，也能直面问题。

夏：其实农业不宜被看作夕阳产业，好像农业就应当被放弃。如果只从GDP角度看似乎确实要被淘汰掉，但其实农业关系着粮食的、维生的重大社会问题。另外，水八仙关系到地方的生态环境。然后关系到地方文化。所以农业不宜单纯从产值来看。有些头脑很简单化的经济学家就说："粮食为什么不到世界市场上去买？我们台湾的粮食成本太高了，所以这时我们要放弃粮食的自给自足。"——当然粮食的自给自足也不一定都是对的，有一个很保守的观点："哦，我们为什么以粮为纲，因为有一天要打仗啊。"——这个也没有什么道理。我为什么说维生农业不能简单地用产值判断是不是放弃？你到世界市场去买，世界市场如此不稳定，来回几次，经济问题会变成社会问题，这都会发生的。我刚才讲的两个例子就是这样。

水八仙当中茨农的故事也是如此。种水八仙的农民在这个过程中失去了原有的，在历史过程中逐渐形成的，低洼地区的水生作物耕地。被城市化重新安置的农民，居住在高耸的集合住宅中，仍然每日搭电梯上下，透早出门，搭车一个小时到一个半小时，穿过园区

其实农业不宜被看作夕阳产业
好像农业就应当被放弃
如果只从GDP角度看似乎确实要被淘汰掉
但其实农业关系着
粮食的维生的重大社会问题

的工业区与住宅区至远方的外村，租地游耕，改荒地为水田，继续生产水八仙。他们生活艰辛，也使得苏州水八仙面临消失的处境。

出乎意外的成功农业

夏："农民是愚昧的，或是低人一等，他们的价值观就是要被都市文化替代掉。"——不应当是这样的观点。举个例子，当资讯科技时代来临，大家原来以为农业可能更难生存，后来发现美国的农业不是这样。加州的中小农场反而和网络科技结合得非常成功，他们种有机草莓。草莓是直接食用，所以农药喷了后很麻烦。有机草莓就有了卖点。有机草莓小一点，比较好吃，又干净。草莓是非常容易坏的，不能长距离运送。所以他们通过网络在草莓盛产的季节接受订货，这样有效地送到都会区居民家中。加州的中小果农充分利用网络技术资讯科技，增加了他们的竞争力，更有效地提升产值。

水八仙的出路是有机耕种

翟：具体到水八仙，又如何与高科技时代结合呢？

夏：农林单位要在政策上给农民一个出路，我觉得是转变成有机农业，能够满足都会地区的高端的消费者，有竞争力，形成一个有利基的市场。因为有品质风味才享有优势，水八仙尤其要走上有机之路。我在文章写道："或许，本着对区域特殊性与自主性的自觉，组织生产农民，结合有机农业技术，以自然农法，节制与驾驭资本的贪婪，建构水八仙农业产品的地方独特性，取得区域竞争优势，针对地方较高端消费，仍然可以找到利基的空间。"

你的文章我看得很仔细，提到有个地方种芡实前先杀小龙虾，用农药。我们都知道小龙虾生活在污水中，水八仙的故事有了小龙虾就复杂了。芡农他杀死小龙虾，用的什么药？

翟：敌杀死（违禁农药）。其实农民在用药时是没有禁忌的，水八仙种植中农民提及所用的农药，我一查许多是违禁药品。

夏：这很麻烦。台湾今天就有这样的经验，农民才不管你，下化肥下农药，产量又大又多，自己不吃，全部卖给都市人吃。怎么办？农林单位要辅导。要把农林学院的教授们动员起来，有机耕作是需要知识的，比如说不用化肥不用有毒农药，我用什么东西呢？农林院的老师们有本事，把有机的东西调配成有机肥与农药，教给农民，这样才不会有问题。

翟：水八仙是有有机耕种基础的，像菱角不下化肥的，芡实可以下有机肥，也有下点化肥，用有机肥替代化肥难度不是很大。像莼菜近乎天然，更不能下化肥。我采访到有名的种植者张林元，他以平价地租给农民，形成苏州水八仙民间最大规模化种植，已做到"无公害"种植，年轻的女儿也开始做网络销售。

夏：在这个方向上花一点时日，做到无毒有机，这样水八仙不但不会消亡，反而更有生命力，

在有机耕种上花一点时日，做到无毒有机
这样水八仙不但不会消亡
反而更有生命力，而且有竞争力

而且有竞争力。当然会有点贵——这样精致化之后。我为什么觉得苏州不成问题？苏州、上海有都会地区的销售市场，只要流通领域网络建设起来，卖得出去的。这并不是偏远地区的那个有机农业，那个痛苦！因为没市场。可是苏州没有问题——有市场。

翟：上海崇明岛有许多有机农场，专门供应上海。北京城在明清时专门有一个行当，就是卖最好的顶级水果，卖给达官贵人和有钱人家，送货上门。这个高利润的行当民国时还有。

夏：有机农业针对都会地区比较高端市场。特别是中国食品危机已变成国务院要应对的政策难题，人们没有安全东西可吃，在这种背景下，水八仙逐步走上有机耕种，值得尝试。

要提醒的是，保护水八仙的有机种植与污染的防治可以结合在一起，特别是高科技制造业的废水，不处理好，苏州水八仙那就完蛋了，不仅是在土地竞争中输掉，而且是全盘皆输。排出来的污水不仅会伤害粮食，还会伤害耕种的农民。汉声针对台湾有机农业出过专辑，那些台湾农民下一代为什么要走上有机农业，是因为看到他们的父辈，农药中毒。直接伤害农民，很严重了。这种情况下，新农民觉得有机耕种是值得的。

翟：莼菜是特别明显的例子，民国时还有几万亩，现在官方数据 2011 年仅剩 624 亩，水质一达不到，就没有办法生存了。

夏：相反，水八仙种植的大量水域如果作为湿地保护，部分水面作为生活污水有机处理区域，就会很精彩。李鸿源在台北副县长任上用河流湖泊做天然污水转化湿地，相当成功。生活污水处理并不是只有污水处理厂这一条路。天然的湿地可以对污水进行有机转化。既解决城市化产生的问题，又很好地保护了农业。苏州开发区应当寻找除了一味给泥土铺上水泥之外的生态之路。

翟：水八仙种植在湿地，是城市之肺，也是城市之肾。整个苏州有 323 个湖泊，20000 多条河流，靠自然净化是可以的。整个苏州水面积占总面积 42%，远高出全国 10% 的平均值。不去利用苏州独一无二的优势，反而去填平湿地湖泊，是明智的吗？

> 生活污水处理并不只有污水处理厂这一条路
> 天然的湿地可以对污水进行有机转化
> 既解决城市化产生的问题，又很好地保护了农业
> 苏州开发区应当寻找
> 除了一味给泥土铺上水泥之外的生态之路

石湖批判

夏："可持续发展"是在 21 世纪，全世界对城市化发展的共识。像石湖，传统的农业是比较符合可持续发展的，你讲的石湖芦苇荡，就像珠三角有名的桑基鱼塘，形成了有机循环，你把它破坏了，可持续发展就破坏了。苏州石湖就是很好的例子，应当修回去、复原，让它恢复传统水八仙生产。

翟：虽然是景区，但也是一个农林共生区，现在用一个简单的公司化管理模式，本身也太简单。

夏：城市管理者觉得要把石湖变得和城里公园一样，水要深，要取得一个大的水面。这种视觉上的审美标准是西化的，他们在西方城市公园里看到一些水面，他觉得这是比较美丽

的，反而觉得我们传统的芦苇荡不美。何者为美，是可以辩论的，这也是我为什么不接受像前面讲的西方中心、工业优于农业、都市优于农村的观点。现在整个世界转向可持续发展，可持续发展有一个全球公认的重点原则：越是传统的建筑、传统的耕种越是符合可持续发展，越是工业化以后的现代建筑与耕作，越不符合。

翟：有朋友在德国留学，给我看了些照片。越是中心区公园，越是荒地原生态的面貌。有趣的是东西德交界区，以前埋地雷，变成荒地无人区，现在成为一个原生态的自然公园。

夏：台湾的例子是金门。金门过去是战地，海岸保护起来，军事管制。拜军事所赐，那些鸟得以存活，现在变成丰富的生态资源、观光资源。观鸟成了观光活动，现在整个岛上鸟的族群多样性成为全台最丰富的地方。

12000 名工作岗位与一群鸟的选择

翟：在城市化与农业矛盾比较大的地方，全世界有没有处理经验？有没有比较有趣的案例。

夏：10 年前，台南县郊要建一个巨型的工业区，解决 12000 人的就业岗位，一个大型钢铁厂将入驻，会产生较大的污染，并且要侵占大面积盐田与池塘。这时观鸟者发现台南县存在着世界珍贵候鸟黑面琵鹭，存活数量只有几百只，台南县盐田与鱼塘是它们重要的栖息地。我们城乡所参与这一保护行动。这场运动，农民非常关键：生态知识，农民一教就会，因为是他们生活的一部分。生态观光是可以生计的办法之一。特别是来自美国的赫斯特教授通过精算，发现保护候鸟建观光区的产值与建钢厂的效益是相当的。这打动了台南县长。最后台湾省政府主推的工业区方案被取消，当地建成了森林公园与保护区，黑面琵鹭数量上升到 1000 只。

翟：这样量化的东西才能打动官员。

夏：他们最有说服力的例子是：美国加州旧金山南边，一个全世界高科技园区硅谷，仍然会有污染，造成妇女生出畸形胎儿。旧金山的北边有一座纳帕山谷，种葡萄、产酒，农业与观光结合，结果纳帕山谷产值不输给高科技园区，并带来更高的地方荣耀与认同感。

水八仙与湿地密不可分。联合国环境署 2004 年公布，每公顷湿地经济产值 14000 美元。2010 年全球观光收入占全球 GDP 的 5%。其中有一半来自湿地观光，产值 9250 亿美元。

翟：随着水八仙种植区萎缩，50 年来水乡的景观破坏掉了，这个损失是难以估量的。汉声曾经调查报道的前戴村服饰非常漂亮，被称为苏州的少数民族。整个村庄在建开发区时拆掉了，村庄消失了。苏州究竟是要成为一个完全工业化的现代城市，还是成为多元的能包容水八仙的有传统水乡风味的有农城市？我们面临重要的选择。 ∎

夏铸九：台湾大学城乡研究所所长，教授，现已退休。

李鸿源教授谈：留住水天堂

——创造多赢的台湾湿地经验

采访整理：廖雪芳

问："上有天堂，下有苏杭"，是大家耳熟能详的话语。你是水利专家，请从你的角度谈谈，苏杭这个鱼米之乡，何以成为人间的"天堂"？

答：苏杭是由大片湿地和绵密水路所组成的水乡泽国。这些都是长江泛滥、改道所形成的冲积扇，可以生产出好多不同的作物如水八仙，还有鱼、虾、蟹等。洪水泛滥时，湿地又有最好的滞洪作用，有它在那里，吸纳水量并扩散或者留存土壤，洪水灾害相对地减轻许多。你看看，千百年来无数次的水起水落，可是农村还是在那里，依然屹立不摇，良田有时反而因为洪水带来的沃土而更加肥美，农民依然日出而作，日落而息，过着"帝力于我何有哉"的日子。就这样，发展出具有村落、水路、埤田及湿地的江南水乡。祖先的生活方式搭配着日出、日落及四季景物的变化，不断被文人骚客所歌咏，造就了它在中国人心中的天堂地位。

问：近20多年来，随着改革开放及经济发展的脚步，苏杭环境有了剧烈的改变。城市区和工业区愈来愈扩张，一块块良田和湿地不知不觉地消失了。以你在台湾的经验，这样的变化会有什么后果？

答：城市化似乎是不可逆转的趋势，人口大量往都市集中，城市区域愈来愈大。生活是富裕了，交通是便捷了，但因为没有湿地吸纳洪水，大地抵抗灾难的能力变弱，洪水愈来愈严重，灾害损失一次比一次更高。令人更忧心的还有那消失的淳朴民风。人情淡薄了，社会变得愈来愈功利，这哪是各项经济成长指标所能换得的？

台湾从20世纪80年代，经济成长傲视全球，像极了今天的中国大陆，曾被誉为世界经济奇迹，是发展中地区的典范。但在经济大步起飞的同时，人口大量向都市集中，现在台湾有90%的人口居住在都市。其中最严重的就是台北，短短30年间，人口由100万快速增加到800万，高楼大厦林立，道路覆盖柏油，空地变成水泥停车场。大台北地区几乎找不到一片完整的良田，更别说湿地了。以前纯朴的农业社会，变成了高房价、高物价、高污染和交通阻塞的"现代"都市。又因为年轻人多集中在都市，乡下人口老化的问题严重，孩子们隔代教养又是教育界头痛的难题。

这些情况在大陆朋友的眼中不陌生吧？我们已承受了20多年，现在正想着：如何从土地规划的方向，寻找根本解决的方案。其中包括农村再生、河川治理、灾害防治、栖地复育及都市的再建构。除了这些工程手段之外，更重要的还有唤醒民众的环境意识，导正社会的价值观，提升政府职能和改变运作的方式。

问：在台北县副县长任内，你规划、执行了许多湿地案例。除了防洪功能，请问湿地对于城市居民的其他功用是什么？

答：各种湿地因地理位置不同而有不同的功能，其中很重要且有效的是处理都市污水，包括生活污水、营业污水和小型与地下工厂的产业污水。我在台北县的经验是这样的：整个台北县区域很大，市内的污水如果都靠接管子来排放，那真是工程浩大，十分不容易，而且花费很多钱，实在没有必要。我想到，台北县地很大呀，乡村有地啊，做人工湿地来净化水，省钱又方便。

其实这个想法也不是我独创的，那是我们祖先的智慧。从前农村里都有池塘，自家的废水流入池塘，塘里种些荷花、浮萍，利用植物根系来净水，水干净了，池塘里还可以养鱼。稻田、陂塘、沼泽都属湿地。我只是把先人的做法科学化、具体化，变成有根据的设计。

我在台北县总共做了300公顷的人工湿地，一天可以处理30万吨的城市污水。这是台北县四分之一的污水量，而且节省下九成的工程费用，同时还产生了300公顷的生态公园。你说有湿地对城市居民好不好？既没有臭味，环境也变好，鸟虫鱼都来了，水域改变了微气候，都市面貌跟着变得更漂亮，影响所及，居民的行为也改变了。以前，政府总是建污水处理厂，这个做法太占地方，又臭又难看，建好还要维修，地方政府也养不起。

问：对苏杭地区而言，你觉得台湾经验中，最独特、值得学习的是什么？

答：苏杭原就是水乡泽国，湖泊多、水道长，最适合推动湿地规划。湿地

生活是富裕了，交通是便捷了
但因为没有了滞洪池的屏障
大地耐灾能力弱化了，洪水愈来愈严重，灾损也屡创新高
但令人更忧心的是那一去不返的和谐和纯朴的民风

面积大小不是重点，独特的是推动人工湿地计划的过程。对，是执行过程最精彩，过程里最关键的是政府和当地居民的沟通。下面就是我的方式：

1. 建立伙伴关系——政府官员、学校老师、环保团体、地方居民都是伙伴，一起来规划。以前环保团体总是和政府对立，我把他们拉进来参与讨论，变成合作关系。

2. 跨领域的对话——都市设计、环境工程、水利、建筑各不同方向的专家们，都要共同讨论，发表专业考虑，让这个湿地规划发挥最大功能。

3. 多元、多角度的推动——我推一个案子，有时在政府单位里就跨了五六个局，把不同部门聚集起来，还有同一部门的不同层级也一起召集。这是一个沟通的平台，需要有人去营造这个平台，而且要十分有耐性地坚持去做。后来我的同事们养成习惯，遇到新案子会主动去和其他部门讨论。

4. 高校参与——高校聚集了国家的精英分子，他们要做科研。如湿地规划中所有水利、生态知识，未来如何永续经营，如何与都市计划结合，等等，许多题目可以去研究、分析，再具体提出建议。知识分子不能袖手旁观，是对的，就要去影响其他更多的人。

5. 共同成长——政府官员、民众都因为这个案子共同学习、成长，双向的互动，城市也跟着成长。从前一个政府案子，规划好就是发包给工

程单位，他们做好了、拍拍屁股走人，也不管居民是否合用，是否喜欢，平白浪费纳税人的钱。

问：哇，好精彩。这样不断沟通、集思广益的执行过程，造成怎样的成果？比以前更好吗？
答：当然有，结果是创造了多赢的局面，台湾地小、人多，一举多利特别重要。什么叫多赢？

1. 民众的环境意识带起来。2. 政府节省工程支出。3. 生活环境变好。4. 落实了基础教育。5. 得以永续经营下去。6. 民众因为地价上涨，脸上有了笑容。

每个案子的第一步，我都是到当地去和居民、学校老师对话，绝不是关起门来、请专家规划。对话是有技巧的，如鼓励学校校长、老师们，要做改变地方的引擎，知识分子要带领社会，不要只会抱怨、发牢骚，国家才不会被商人带着走。也要去庙宇、树下和地方耆老谈话，他们知道这个地方五十、六十年前的样貌啊，这是年轻人不知道的事。小区民众参与讨论，一次又一次，最后湿地做起来，大家爱护环境的环保观念也带起来。原是污染来源的居民，转变为环境的守护者。

每次执行案子，我把荒野保护协会、NGO、学校、小区、大学都聚集起来，成立工作坊，架设网站，一起来设计、规划。完成之后，如五股湿地交给荒野保护协会，鹿角溪湿地则交给树林的六个小学去管理。他们负

责维护，设计生态课程、准备教材、举办活动，然后开放给各地的老师和学生来应用。这样湿地就不只是防洪和净化城市污水而已，还提供生态观察，充实了基础教育。

问：可见人的角色真是重要，合作才能多赢。请举几个你认为规划成功的例子。
答：每个湿地的做法、功能不太一样。规划时尽量从它的过去、现况和环境去考虑，绝不是无中生有的。

例 1. 中港大排
原是新庄的一条臭排水沟，居民总是掩鼻而过，建商盖房子时都背向着它。我用涵管把污水截走，到工业区处理干净之后，再放回来作为景观用水，变成干净的、不淹水的运河，旁边斜坡种植树木、草地，现在连文化也带进来了。每天晚上都有不同的文艺团体在这里表演，如木偶戏等。这是经过 100 个小时和民众对话换来的。

你知道吗？最初规划时，我想去除大排上面的盖子，这是居民作为停车场之处。他们知道后群情哗然，我必须帮他们找到替代停车位才可以。今天，他们继续讨论的是：为了小区孩子骑脚踏车上学的安全性，居民希望画出脚踏车道，不让汽车进来。你看，居民从当初只顾停车的方便性，转变成呵护孩子与环境了。

我只投入 23 亿新台币，却改变了半个新庄。当然副作用是现在房价

湿地其实是一件很小的事情
但是它见微知著，足以唤起全中国以至全世界的核心价值
只要把唤醒知识分子的种子种下去
就像 DNA 一样会自动繁衍、生生不息
社会原来被扭曲的价值观导正了，国家才有希望

涨了 3 倍，这又是另一个问题。

例2. 五股湿地

规划成为大台北都会公园的一部分，这是化腐朽为神奇的例子。

这里原是二重疏洪道，总共 400 多公顷，政府早已征收。20 年来洪水只泛滥 7 次，90% 的时间没有水，土地荒废没有利用。周边有一堆违章建筑铁皮屋，是以前外销兴盛时的工厂。后来经济走下坡，工厂垮掉，或者废弃不用或者沦为宵小、黑道聚集之处，有如都市的毒瘤。

我应用其中的 100 多公顷规划成立五股湿地，处理污水，其余则建成公园，有各项体育活动场地。几年下来，现在成为北台湾最重要的候鸟栖息地，有 5 万只雁，还有许多其他鸟类，是民众休闲、学校教学、赏鸟团体的最佳去处。

你想啊，这区域原是城市末端，一个脏乱、荒废之处，现在由于湿地建好，摇身变成改变附近城镇的引擎。只花 10 亿新台币而已，提升了 100 万人的生活质量，太值得了。政府必须做的，就是赶快配合湿地及公园，改变原有的都市计划，订好游戏规则，譬如哪里可建、哪里不可建。那些违建的地主会自动拆掉铁皮屋，未来美好的景观也就可以期待了。

例3. 台大生态池

这就不是处理污水了。它原是旧瑠公圳的进水口处，面积很小。

生态池的构造很简单，是具有不同水深的池子，湖面种些不同的水生植物。透过植物根系微生物，既可净化水质，还可制造底栖浮游生物生存的条件，因而形成食物链，于是虫来了、鱼来了，鸟也跟着来了。还设有步道，让人亲近水面，享有一部分隐秘又不会打扰水中、地面的动物们。

这个生态池是学校内的小景观，作用却很大，它使老师、学生、学校和路过的人，都变得柔软起来。

例4. 鳌鼓湿地

位于嘉义东石海边，原是台湾糖业废弃的农场，堤防破损、海水进来，政府和民间都不管它。经济发展的推迟，因荒废反而吸引大批候鸟、留鸟和稀有鸟类来栖息，形成很具特色的湿地环境。

中港大排用涵管把污水截走，到工业区处理干净之后再放回作为景观用水，旁边斜坡种植树木、草地，现在连文化也带进来了。

五股湿地规划成为大台北都会公园的一部分，这是化腐朽为神奇的例子。

> 30年来台湾工程界的思维
> 从人定胜天渐渐转化成学习与自然和谐共生
> 政府的角色由政策的主导者
> 慢慢发展出一套有民众参与的运作方式
> 民众也从被动的、逆来顺受角色
> 渐渐找到参与政策的着力点

我们把它规划成半咸半淡的湿地，景观也成为休闲旅游之处，配合地方政府和林务局成立"鳌鼓湿地森林游乐区"，附近贫穷小镇也可借由观光收入而维持生活。听说最近周边农业也重新发展出来了。政府就是要这样，要努力制造改变城市和区域的动力啊。

湿地是一件很小的事情，但是它见微知著，足以唤起全中国以至全世界的核心价值。只要把唤醒知识分子的种子种下去，就像DNA一样会自动繁衍、生生不息，社会原来被扭曲的价值观导正了，国家才有希望。

问：这话好感人，好像哲学家说的。你从事公职和教职近30年，觉得在水利工程方面观念有哪些改变？

答：我发现，30年来台湾工程界的思维，从人定胜天渐渐转化成学习与自然和谐共生。政府的角色由政策的主导者，慢慢发展出一套有民众参与的运作方式。民众也从被动的、逆来顺受的角色，渐渐找到参与政策的着力点。我身为政策制定者与执行者，深深感到当初盲目追求经济发展的无知与傲慢，现在即使花再大的代价，也没有办法还原昔日的好山好水了。想想啊，那夜泊的枫桥，那苏轼的赤壁，那苏杭的水乡，都是江南独特的面貌；描写这块土地的诗词歌赋，饮食文化和先民独特的生活方式与智慧，可都是中华文化的瑰宝。眼看着它一天天步上台湾的后尘，心情真是着急啊，政府、学校、民众们请务必三思。　■

李鸿源：
现为台湾大学土木工程系教授
曾任台北县副县长、台湾省政府水利处处长

台大生态池

台大生态池透过植物根系微生物，既可净化水质，还可制造底栖浮游生物生存的条件，因而形成食物链

鳌鼓湿地

鳌鼓湿地吸引大批候鸟、留鸟和稀有鸟类来栖息，形成很具特色的湿地环境

湿地是珍贵资产
——台湾湿地规划2例

土地之忧

文：游进裕

比对300多年前和现代版本的台湾地图，很容易就可发现，台湾现有人口密集的地方，很多都坐落在昔日的湖泊、滩地和潟湖这些地方，也就是被称为"湿地"的地点。

换言之，过去台湾的开发，有相当程度是失去许多湿地所换来的。因此，湿地对于居住在这块土地的民众而言，并不陌生，只不过以往大多数的经验就是——填平湿地、开发利用。然而，从20世纪70年代后期开始，这样的经验渐渐受到挑战，许多从先进国家学成返回的人士与看重本土环保的当地人士，都开始大声疾呼：湿地是极宝贵的资产，大家要珍惜爱护。于是，整个社会进入一场"湿地学习之旅"。

这近20年来，政府、民众与环保团体，在互相对话、抗衡之下，台湾湿地的规划和以前大不相同，又因为每个湿地地理位置的不同，各有不同的发展和应用。现以台北盆地的五股湿地以及西南沿海的鳌鼓湿地为例，说明它们的过去和现况，或许可以供江南水乡规划参考。

1 五股湿地——大台北都会公园

五股湿地位于台北县二重疏洪道北端。昔为一片可耕种的良田，后因"狮子头"隘口拓宽建二重疏洪道，造成海水倒灌。潮水涨退，使得土质咸化无法耕种，政府将此地列为"一级洪水平原区"，其中在五股乡境内的沼泽地便称"五股湿地"。

二重疏洪道总共占地超过400公顷，五股湿地因为纳入此范围内，土地使用受到管制无法改变，反而维持原有样貌。沼泽湿地区内的水域，每天随着潮起潮落的脉动起伏着，因为少有人为干预，这里的生态环境逐渐转换为野生动物的乐园。但是到了20世纪80年代中期，邻近工业区开发的工程填土与倾倒废土，使得湿地面积急剧缩减。再加上堤防内的工业区、住家以及不法工厂，偷偷把污黑脏臭的废水不断排入湿地区，使得鱼虾无法生存，鸟儿不再来。当地原本著名的黑鸢，失去了栖息地，也没有觅食

的场所，于是告别了此处。爱鸟的人们也弃守了这片湿地。从2000年之后的卫星影像图中，可以发现原有的沼泽区，仅剩下几处小水塘，以至于五股湿地几乎成了历史名词。

2007年时任台北县副县长的李鸿源教授，有鉴于二重疏洪道启用以来，仅发挥不到十次的疏洪功能，因此提出"兼顾防洪与休闲"功能的改造方案，推动将二重疏洪道转型成为"大台北都会公园"。经专业评估，这个方案可行性高：在不违反水利法原则，符合防洪功能前提下，可恢复二重疏洪道原有湿地生态，加以辟建环河快速道路，重整交通动线，以营造亲水环境，打造出符合国际水平的大台北都会公园风貌。

大台北都会公园有五大目标，其中之一是恢复环境生态，就是以重现五股湿地为愿景。五股湿地生态园区是大台北都会公园空间营造的重要一环，于是拆除了原有不透水铺面及部分设施，增加透水层，营造自然生态环境；并且积极处理二重疏洪道周边地区排入的生活污水，辟建出100公顷湿地，作为水质自然净化园区，同时营造为环境教育基地。如今，五股湿地有沟渠、水塘、草泽、高低草地、高滩地等多样性生态环境，不只重现了六七十年前沼泽区的面貌，鱼虾、水鸟都回来了。

大台北都会公园除了可以净化地区水质，提供周边广大居民休闲赏景与体验生态之美的场所，也与环境教育团体共同推广，融合民间力量，建立认养与维护管理机制，打造出上百公顷、北台湾最具规模湿地主题的生态园区。

2 鳌鼓湿地——鳌鼓湿地森林园区

除了台北盆地的湿地变迁外，另一个明显改变的地方就是西海岸的潟湖区。百年来因为西部河川所带下的泥沙，逐渐淤积出几个冲积平原，例如浊水溪冲积扇和嘉南平原，而原本的潟湖区便转变成沿岸平原与沿海湿地。

平原最适合开垦，再加上水源方便，几乎所有冲积平原都布满了先人开发的足迹。湿地在这样的过程中，向来

就是下一个拓垦目标。然而大自然的律动，往往和人们的期望不同，以至于西海岸湿地就成了这片土地上"人与大地搏斗"的缩影，在嘉义东石的鳌鼓湿地就是这类故事的例子。

鳌鼓湿地位于浊水溪冲积扇的最末端，属于台糖公司的新生地农场。1986年受台风侵袭后海堤溃决，超过300公顷的土地因盐化无法耕种，于是在无人干扰下，演变为广阔湿地。

土地虽然无法耕种，但是人们并未停止开发的想法。20世纪80年代后期，台糖公司提出了观光事业投资计划，90年代工业单位有意将这片土地变更作为工业区，也有产业界主张将本区划为自由贸易区，甚至军队想把它变成空军训练瞄准场。此时，台湾生态保育意识与行动抬头，加上传统工业外移，认为已无扩大工业区之必要需求。

经济发展之推迟，意外使得遭海水浸淹而荒废的鳌鼓湿地，吸引了大批候鸟、留鸟及稀有鸟类来此栖息，形成一个极具特色的湿地环境。其中已观测到大约40%台湾已发现的鸟种、2/3台湾日行性猛禽种类，以及40种以上动物保育物种。于是，保育人士投入大量人力与心力，到处游说与举办活动，反对那些以开发为导向的企图，并且提出野生动物保护区及自然生态公园的想法。接下来将近20年，鳌鼓湿地的开发与保育，不停地拉锯论战。

到了2003年，嘉义县政府重新考虑鳌鼓湿地的条件，加上云嘉南滨海风景区管理处成立的双重作用下，建立了重构滨海新风貌，并带动地方观光发展的共识。透过环境复育与整体规划，确立了鳌鼓湿地保育及生态旅游并行的发展策略。2007年营建署评定鳌鼓湿地为"国家级"重要湿地；来年，又在嘉义县政府积极推动下，农业委员会野生动物保育咨询委员会2008年底同意"鳌鼓野生动物重要栖息环境"的划设，林务局也批准"鳌鼓平地森林游乐区"的设立。2009年，更将野生动物保护与平地森林游乐区结合，成立"鳌鼓湿地森林园区"。第一期鳌鼓湿地森林园区建设已于2012年完成，并开放游览。园区开发强调生态旅游及地方民众参与，从学习、研究教育与体验产业角度，联结周边发展，引进适宜活动与国际宣传立场，期盼鳌鼓湿地森林园区，能成为台湾重要的多功能性园区。

结语——重现湿地多元资产价值

综观台湾湿地所面临的问题，主要包括：湿地陆化、旱季水源不足、雨季洪水漫淹、地层下陷、水质污染，以及最严重的人为填平开发等威胁。近年，随着全球气候变迁的效应，极端降雨事件发生机会增大，湿地所面临的情况越来越恶劣。过去台湾湿地的改变，造就出许多独特的自然环境及生态条件；现在的努力方向则是强调："如何从保育与开发争论中，取得湿地明智使用的平衡点""如何透过体验与教育，来说明湿地的变迁及调适策略"，以及"留给后代子孙一处处可持续经营的生态环境场域"。

像五股湿地的例子中，一块周边住着超过百万人口的湿地，除了原本历史记忆、社会生活的意涵外，同时肩负着防洪排水的重任，湿地中又有世界级保育类动物，如何兼筹并顾，在考验着现代人们的智慧。**为了寻求最多数人的支持与参与，计划推动过程中，联结了居民、当地中小学老师、民间文史工作者、生态专家、环保团体、大学教授、专业技师，与公共部门对话，讨论出哪些工作应由政府承担，哪些可以让民众协力进行。**经由这种参与式的规划结果：保育类动物继续保有赖以生存的空间；专业团队创建出台湾第一座废弃牡蛎壳的污水净化场，让流入湿地的水质继续清流；文史与环保工作者则将过往的努力与经验，化作处处可见的解说材料；中小学老师再把这些故事，继续传承给下一代；而住在周边的居民，也恢复住在这里的满足感。

在鳌鼓湿地的经验里，由于土地利用的争议，涉及财产权与环境权的论战，曾经伤害了许多关心这块地的土地所有者、水产养殖户、保育团体、生态专家、居民与不同政府部门间的关系。因此，湿地复育与整体计划从一开始，就以创造共赢的角度，提供对话的机会，重新建构彼此良性互助的关系。过程中，首先确认了"可持续的环境与生态"是大家共同的信念，并且以"帮助当地弱势民众的生活改善"为优先目标。最后提出："以湿地保护区保育所创造的生态特色，来提升湿地森林园区生态旅游的吸引力；以发展湿地森林园区生态观光的产业收益，来支持湿地保护区的保育工作。"而且**让所有的利益关系者（stakeholder）都能资源共同分享，责任共同承担，相互协助，共创效益，当中尽各自当尽的责任，也享受努力后的成果。**也盼望每位到湿地驻足游憩的人，都可以认识到如何与环境共生共荣，并且透过生命教育的方式，体验湿地与人的生存价值。　■

游进裕：
国际水利环境学院研究员，水利博士

土地之忧　芡农徐海根的一天

采访整理：翟明磊　陈诗宇

苏州古城的葑门外，曾有一个湖荡叫作"黄天荡"。茫茫湖荡之间，大多是淤泥烂田，每年的汛期来临，都会有一段时间的泛滥涨水，不适合种水稻，所以当地村民传统以种植莲藕、芡实、茭白、慈姑等水生作物为生。其中最主要的种植力量就在群力村。

20世纪六七十年代，黄天荡逐渐被围垦填平，到20世纪90年代工业园区土地征收完毕，群力村也正式结束了当地种植水生作物的历史。而群力村又因为靠近苏州进城高架桥，村落面貌不雅，在10年前也陆续拆迁，新建成为高楼林立的"群星苑"。

群力农民被征地以后失去生计，只会种水生作物，最后倒也形成了一种变通的新模式——到外地包田继续种植芡实。我们通过苏州前文化局局长高福民先生，结识了群力村村民徐海根师傅一家，准备跟随他采访今日群力村村民一天的劳作。

今天是种芡实的最后一天。农民徐海根凌晨3点30分就起来了。他烧了一壶水，准备了田间的饭食。匆匆扒下了一碗白饭和两颗蒜头，就出门了。

在车库里，他准备了一下工具，推出了电瓶车。天还是黑的。

电瓶车开出荷花苑小区，他来到群星苑，一个群力村拆迁后的农民安置小区，高楼耸立。农民蒋建男（43岁）、薛雪芳夫妇（42岁）坐电梯从楼上下来。他们的田种在一起。4点10分，三人坐着蒋家的面包车出发了。

面包车上高速向西南方行进，开了半个小时，到达横泾。自从1994年群力村被征地后，七千户农民就开始了这样每天的流浪耕种。他们在外包地，每天像上班一样奔波，远的达一个多小时车程。徐海根他们，每天的交通费就要30元。只有种价高的芡实才是合算的。群力村的芡农们，凭一技之长，成了远近闻名的流浪芡农。每年随着包地区域的不同而改变每天"上班"的方向，他们失去了固定的土地，却要流同样多的汗水，日子变得比别家农夫更辛苦。

甚至为了节省成本，还有骑自行车到田里"上班"的群力村人，路上就要一个半小时。来回三个小时。

光种田还不够，所以苏州各家工厂都有群力村的人。"那时如果工厂没有群力人，都不叫工厂。"徐海根笑着说，"最苦不过群力村"。

群星照耀下，面包车已到达横泾刘家浜村的芡田。此时路边已有四五辆面包车——都是群力村的。说来神奇，一下车，过了几分钟，天就破晓了，鸟儿鸣叫。芡田水面反射着微光。

　　4点40分，这个时间是芡农们算好的，让人不得不佩服农民们争分夺秒的精确。这样可以不浪费一点点时间，趁着光亮最早干活。到了收芡实的季节，还要早半个小时。收芡实，不管刮风下雨——再大的雨，芡农也要下田。因为成熟的芡实不等人，芡农也等不起。

　　急急穿上长水靴，抽完一支烟，徐海根就和蒋建男下水了。他们俩向自己的苗田蹚过去，开始了紧张的采苗工作。今天徐海根的任务是采150棵芡苗，然后定植到大田。

　　小鸟欢鸣，白鹭在水田翻飞，清晨空气弥漫着草香，湿润清凉。芡农们却无心欣赏，他们要趁着晨凉干活，弯腰从苗田中挖出合适的芡苗。没多久，小雨打湿了他的衣服。别的农民开玩笑说徐海根是"状元"，徐师傅确实种得比较好。28年的经验在那儿呢！他家种了15亩田，别人家收五六万元不错了，徐海根家能收9万元。

　　邻田是其他村民的，芡苗长着奇怪弯曲的柄，徐海根悄悄对我们说："这苗全坏了，生病了，用不了，只能向别人要。"种芡实是一种技术活，有许多难关。徐海根的父亲是村里外来户，不会种芡实。徐海根1984年学种芡实，有时晚上都睡不着觉，细心琢磨自己家田为什么种不好。经过几年实践、摸索，向村里老农请教，才成就了"徐状元"。

　　群力村人就是凭着数百年秘守的芡实技术，成为芡实专业村，才求得温饱与富裕。

　　汉声同事诗宇穿上长雨靴下田了，一下去脚就打滑，徐海根急忙拉住，扶着他一同来到田间，这才拍下了最贴近的照片。

　　今天的任务是挖秧苗定植到大田。这几天正值芡实育苗两个月，可以定植的时候。所以每天都要栽五六百棵的芡实苗，今天是最后一天，工作量比较小，只剩下160棵。

　　芡实秧苗塘中密密麻麻地长满小芡实苗，徐师傅躬身从水底挖出一株株芡苗，先铺在水面，最后再收拢在一起集中到田埂的卷担上。陆续有农夫把放满秧苗的担子挑走，徐师傅和蒋师傅的大田比较远，要坐车绕过去，所以先用泡沫板把秧苗拖上岸准备。

6点18分，点烟解乏后，徐师傅和蒋师傅将每家160棵的芡苗装上面包车，开始向罗家浜村里的大田进发，车程五六分钟，就像从一个车间到另外一个车间。

到了目的地。把芡苗放在地上，换上另一套短水靴。徐师傅说，定植水深，肯定衣服都要湿掉，所以索性换上轻便的防水具。

一屁股坐在路埂上，三位芡农吃起了第二顿饭，干重活需要体力啊。所以吃饭不管时间，和汽车加油一样，饿了就吃，否则没力气干活。芡农还特意为我们带了豆沙包。他们吃的是咸菜萝卜干加干饭——"天热，田头只有这两样菜不会坏。"

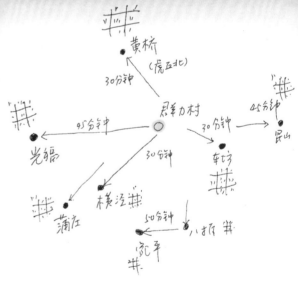

田是花1200元一亩一年的价钱向村里田老板包的。本村10多个田老板又是向外村的田老板转包的，外村田老板又向本地的村支书包。田老板靠的是和支书的关系，这三次转包，层层赚钱。田租从800元转到1000元，到农民手里就是1200元。农民吃亏最大，还得包啊，否则喝西北风啊？每年10月收完芡实。11月芡农就得交出第二年全部包地费，地虽然只种半年，租地费却是全年。

每个田老板包地规模是200亩左右，群力村田老板垄断了数千亩的承包权。

田老板就这样一转手赚到钱了。芡农却在苦笑："以前外村哪有好田给我们，都是荒田、荒地，本村没人要的。我们一年种好后，他们就收回去。第二年又给我们一块荒田。这几年好一些，开始给我们水稻田了。"

"最苦不过群力村人，我们像开荒者！你说阿是？"徐海根长叹。

匆匆吃完饭，没有时间喘息。在蒋建男帮助下，徐海根担起芡苗，向田头走去，两头芡担，每担有六七十斤，重的可达一百斤，徐海根挑着近两百斤的担子，担子沉甸甸的。

7点30分，拖着载满芡苗的"小船"，徐海根蹚进芡田。用明代就传下的芦秆定位法，事先用线拉在田埂两头，标好2米2间距，然后根据线上标记，在田里插好芦秆，秆下先挖好一个个泥洞，然后把芡苗种在洞里。这样植株间距正好，留好芡实足够的生长空间。

拖着"小船"，徐海根一棵棵放苗。没多久，衣裤就湿透了。

我和诗宇坐在田埂，看芡农们忙碌着，我开玩笑："感觉自己像地主派来监工的师爷。"

8点，一块田种好了，徐海根和蒋建男上岸。

还没完，才种了一半。他们挑着担又向700米外的另一块大田进发。流浪的芡农啊，土地就像移动的牧场。明年又不知道耕种哪一块田，是好是坏，谁知道呢。

这块田，亩数多，有30亩，水更深。

因为好几块田并在一块，土壤高低不同，水却相通。芡实最重要的就是水位管理——水深决定了水温。所以共同耕种的农民必须商量好水位，否则每家田里水深相差太大。芡农往往和谈得来的村里人合成一个小组，田种在一块，一起流浪上班，互称"同事"。

男人种芡，女人就忙着捞浮萍拔水草。这种小浮萍对芡实最不好了，一长就长满水面，争夺养分，必须全捞干净。还有龙虾！常钳断芡叶柄，所以农民放药药死龙虾后水田才能种芡。

自家浮萍理好后，不能让人家的浮萍漂过来，所以每块芡实水田间要用布条拦起来。聪明的农夫用的是什么？哈，用的是城里人开会的大红长幅标语。我们隐约还可以看到"欢迎××领导莅临指导"的字句。再排场的话语，农民都要把它泡在水里，起点实际的"作用"。"领导"就在水中"指导"浮萍啦。

徐海根家芡田的草还没拔，浮萍还没捞，老徐一个人哪忙得过来？他要等做钟点工的老伴王四香向东家请几天假一起来干。

田埂的水口哗啦啦地泄着水，水高了就要放掉。水深水浅有讲究，水深了——温度不够，水浅了——温度高，每个季节储放水都需要经验。例如9月后水位要下降到30到40厘米，温度才够。群力村农民更像技术工人，训练有素。

今天活不多，终于在10点结束。我们看一下表——城里人刚上班一个小时，芡农们已干了海量的活。

上岸后，徐海根们第一件事是倒出长靴中的水，换上全身的干衣裤，我们看到他的脚已因长时间浸泡发白了。腰难不难受？"怎么会不痛啊，今天腰疼得不得了，也得忍。"徐海根笑了，"平时我腰隐隐作痛，就知道天不好了。老芡农哪个没有腰病，全身的关节炎！每天浸在冷水中啊。"

种芡已耗去了大部分体力，所以要吃第三顿饭，否则哪有力气回去。坐在田头，吃起白饭咸菜，喝点水。一般来说还要干点田间除草的活，直到下午

3 点才收工。但芡农们照顾我们，怕城里来的编辑太辛苦，也因为是种芡最后一天，给自己放个假，所以今天提前收工回家！

我们真心慨叹："真辛苦！"芡农们看出我们的同情，笑着谈开了："这还叫苦啊，苦的在后头来。采芡实最苦，芡实不等人，一天不采就是损失，所以采芡的两个月，每天男人们要 3 点起来。一天只能睡 3 个小时。男人 12 点睡，因为要去田里，女人在家烤鸡头米，守在炉边，要干到凌晨两三点钟。下再大的雨，男人也要到田里采芡实，那才叫苦。最忙的日子，却吃不好，家家都没时间做饭，吃的都在糊弄，扒几口就算了。每天下午种田回来，还要剥芡实、烘干，烘完还要晒，不晒不行，干不透。一楼的人晒楼下。住像群星苑这样高楼的，怕人偷，只有晒在各自阳台上。"

我和诗宇对看了一下。今天我们也只睡了两个半小时，已经困乏无力到难以支撑了。难以想象连续两个月一天只睡 3 个小时的生活。

挑着空担，芡农们一身轻松。

10 点 23 分，面包车开动。回家咯！
我们回到了徐海根家。

家里干干净净，和城里人完全一样，回家后他们洗去全身泥水，享受着热水淋浴和躺在沙发上的城市生活。徐海根下午回家后，一般喝点水，睡个觉，然后去接孙子，买菜做饭，等做钟点工的老伴回家。晚上 8 点上床，第二天还得干活呢。

自从 1995 年被征地后，17 年来，老两口每人只有一月 300 元的生活补助，今年老伴才拿到退休工资每月 600 元。一个月的补助两人才 900 元。而儿子媳妇上班打工每月不过 2000 元。老徐还要交每月 500 元的医保。这点钱！一家五口不够用。52 岁的老伴王四香每天做 9 个小时钟点工，又出租了一套拆迁房。结婚第三年，徐海根打工的工厂倒闭了，他种起了芡实。全靠芡实，养活了一家人，让 7 岁的孙子上得了学。

"还要干多久？干到干不动为止。"56 岁的徐海根苦笑了。 ∎

风物用心知真味

——一位老苏州的买菜经

口述：周其昌 整理：翟明磊

周其昌，苏州扇厂的老副厂长，一位地道的老苏州。谈起水八仙，家常而睿智，他的风物知识来自买菜烧菜的平常心，值得细读与传递。

现在这个季节（7月底），水红菱就快上市了。**水红菱**是我们苏州特有的。那种红，娇滴滴的。苏州有一个柳君然画水红菱很出名，用很贵的颜料西洋红，画出来透明的。水红菱有一个柄，采下来时连在上面。新鲜的是淡绿，变黑了就说明不新鲜了。挑水红菱主要就要看这个蒂柄。水红菱要保鲜，就要浸在清水里。家里买了就要尽快吃掉，不吃掉只有放在清水中。

沙角菱角尖，和尚菱就是没有角的。白天门口叫卖，"卖菱啰！和尚菱，沙角菱！"晚上就叫卖白果（银杏），怎么叫呢？"香是香来，糯是糯，要吃白果甜来酥！"挑了个担，有火的，有柄铁丝网兜，在火中烤，爆出来很好吃。我们苏州是水乡，资源比较丰富。吃比较讲究，苏州本身就是一个吃喝玩乐的城市。不是搞工业生产的地方，根本不是这么回事。

茭白，有一种无锡茭，剥开来以后头子是弯弯曲曲的带一点青，不光，还有点皱，模样不好看，但好吃。我们苏州本地种的茭白，白、嫩。这两个都好吃，无锡茭还贵，这两天还有。现在因为苏州种的面积越来越小，苏州市场上大部分茭白都是外来的。哪来的？浙江。浙江比较早，这个品种就是不好，上市早，抢钱呐，质地两样——口感上我们苏州本地茭很细洁。他们有空的感觉，而且用药水漂白，就把质地破坏了，空松。我们紧。怎么挑啊，买菜时摸一下，按一下就知道了。一个软的（浙江茭白）。一个很紧密的，硬的，有弹性的。

你一烧就知道，漂白药水打的茭白有味道，不是本身味道。现在的人太那个了！我们农民自己腌的咸菜，很好吃的。他们为什么要放点黄的颜色，洗都洗不掉，浸在水里还是黄颜色——因为看起来好看。我问他们为什么要放这个东西。东西好吃就行了，颜色有什么关系？就是乱套，不该放也放。现在的年轻人没有这些知识，那些坏的东西就卖得掉了。

藕，现在很多。生的好吃，吃嫩的。一条藕三四节，就是前两段最好吃，现在这个季节比较嫩，带点黄，看上去透明的，很好吃，马上就要老了。洗洗干净，用刮刀刨掉一点外皮，切成片。嫩的炒来吃，也好吃，老的是塞糯米。我们还可以做藕圆，放在油里炸很好吃的。

慈姑有什么讲究呢？个比较大，黄，新鲜的就可以，天冷，保鲜期比较长。慈姑化痰。慈姑切片，摆油里一炸，也好吃。

水芹炒香干，或者开水里捞一下，就可以拌着吃。水芹主要是看嫩的。水芹就是要挑这个根茎比较白，最好。我们苏州人是连根买，带着点烂泥。农民一把一把捆好的，一斤一捆。两块五一斤，拿去。买了以后再切掉根，你买两斤，只能炒一小碗，不多的。叶子可以吃的，讲究的话，叶子都不吃，只吃茎。

天冷**荸荠**就上市了，本地荸荠很少，都是外地东西了。我们过年，年夜饭上都有荸荠，放在饭上蒸的。我们这里，农民削皮，八元钱一斤，炒时放点肉，好吃得不得了。我们小时喜欢吃得很，现在哪个要吃这个东西。以前我们到过年定指标的，一鸡一鸭，一户人家只能吃一样，吃鸡就没鸭吃。自然灾害到"文革"那些年，油多少，肉多少，都有规定，样样东西都少。以前人少地多没有吃，现在人多地少，东西吃不完，改革开放了嘛。

因为年纪轻的人这样，外面不好的东西也卖得掉
他不懂呀，我们去买，就要新鲜的，好的
我们就会挑，我们手里差的就难卖的
年轻人就无所谓，所以外面什么东西都卖得掉

莼菜要新鲜，很细的，嫩，像荷叶一样的就不好的，卷起来就是嫩的。开开来就不好了。

水八仙还是我们苏州人种的最好吃，和土质、水质都有关系。苏州小青菜就是好吃，就是本地的品种——不要太好吃哦！大的小青菜也好吃，很矮的，叫矮脚青梗菜。叶子很多，梗就这么高。苏州菠菜就是好吃，矮的，圆叶的就是好吃，就是没有办法。这里品种、水质、土质都好，关键还是这个问题。年轻人很少有人懂，接这个班的人很少很少。年纪轻无所谓，经常上饭馆。

年轻人懂什么东西！我儿子周晨，根本不买菜的。我们买菜，他们什么菜都不知道。不上街不买菜怎么知道呢，好和坏根本不要说了。因为年纪轻的人这样，外面不好的东西也卖得掉。他不懂呀，我们去买，就要新鲜的，好的，我们就会挑。我们手里差的就难卖的。年轻人就无所谓，所以外面什么东西都卖得掉。

不去琢磨，你怎么会买？现在年轻人没有时间，我们其实也没有时间，一是靠父母亲管着你，从母亲学来以后，自己成家立业又摸索积累。实际上，年纪轻时不学这些经验是不对的。你老了以后空下来，一个人最重要的是吃啊，一个人嘴巴要吃，麻烦就麻烦在这里。我们一个是向父母学得来的，一个是朋友之间交流，在厂里面交流，这个菜，怎么烧好吃，买什么好，有个交流的地方。如果老是不学，没有

什么好处。风物感受，这个东西不是一年两年，而是几百年，这个品种就是靠这个延续下来的！

苏州以前的羊好吃，苏州人的山羊，父亲和我在学校，还买了一只羊，加工，就知道这个味道这么好吃。现在吃个屁啊，味道都不对。以前说的湖羊是本地的，现在都是外地的了。

鸡头米马上又要上市了，我又要去买了，一到这个季节。小孙子，天天吃，下午放学回来就是这样一碗。是他奶奶烧，有时我烧，水烧开，放下去，一氽就好。一般买来放冰箱里。小包装，放水。这样可以速冻，吃到现在，可以吃一年。现在要一百元一斤，以前只要三十多元一斤。绿色食品，吃一点总是好的。它比较清香，糯。只有苏州这一带有！

我们葑门横街，外地人很多。农民把鸡头米一只只的买来，自己剥了卖。一条小街，都是一个个摊连在一起。怎么挑？要挑淡黄的，有点透明的，就是新鲜的。外地人来订这个货。量多了，来不及剥，就要订了。但有时订的不一定好的。

我不订，有时看到街上剥得好的，我们就一斤二斤买回家。去年我们买了两千元左右的。

现在最大的问题是传统的东西都扔掉。资源破坏！就拿我们扇子行业来说，湘妃竹，种在高山阴湿地区，好卖钱。现在他不管你粗的细的都砍掉，连保护区的竹子都砍掉。竹子生长很快的，现在不够用，给它施化肥，质量就不对了，质地就松了。不是天然的东西，密度就不够。（化肥）我说不能乱用的。就是这个问题。大家就追钱，快，明明3月份卖的，2月份上市，就赚钱了，没有办法，以前农民没有现在这么聪明，对不对？但农民本质就是勤劳朴实，老老实实种田。不会去动这个坏脑子。政府管理不力，农药乱用，对人的身体健康都有很大问题。等想到这个问题就来不及了！我们走路走得很顺的，你要走得快，走错了，必然还要倒过来，还要慢慢地走。走得太快未必是好事情，把以前传下的东西都抹掉了。有的东西，有关部门要重视，否则都要断种，不是一个两个问题。∎

鸡头米马上又要上市了
我又要去买了
一到这个季节，小孙子，天天吃
下午放学回来就是这样一碗
是他奶奶烧，有时我烧
水烧开，放下去，一氽就好

要救"水八仙"急做八件事

文：徐宝树

本人祖籍常熟，对所谓"水八仙"略知一二。斜塘藕、琴湖芹、和尚菱、红梗芋艿是 20 世纪 80 年代的记忆。1999 年的《北京宪章》中把我们这个时代称之为"混乱的城市化"，著名的清华大学学者吴良镛先生用"大建设"加"大破坏"来形容当前的城市建设。大量有价值的乡村资源被作为"垃圾"处理的背景下，苏州"水八仙"自然也难逃厄运。在当前生态文明教化尚未昌明、生态保护制度建设尚未完善的状况下，诸如苏州"水八仙"走向没落的问题将依然发生。因此，记述历史、检讨过失是必要的，但是，更需要寻求应对措施。我提出一些不成熟的建议供参考。

一、建立"水八仙"原种保育区

选择在水域相对封闭、水环境较好、生境系统相对稳定、与娄葑地理环境比较接近的湖泖区建立"水八仙"原种保育区，开展种质资源特性、栽培农艺、水土环境、关联微生物的系统性研究，同时，对地方品种进行提纯复壮，恢复原有种性，倒是不要急于培育新品种。吴中区的金庭镇，区域独立、外部干扰少、几乎无工业，临太湖有不少泖田，倒不失为理想的"水八仙"原种保育区。目前，该镇正在修编农业规划，其中建立地方品种的原种保育区也是规划中的重要内容之一。

二、建立"水八仙"地域生产区

娄葑、跨塘、斜塘的"水八仙"已是昨日的记忆。因此，在毗邻地区，开辟新的生产区域是必然选择。好在吴中区（临湖一带、车坊），常熟西南（唐市、沙家浜、辛庄）、昆山西北（巴城、横泾）尚有生境现状相对较好、地理环境相对接近的区域，拟可建立新的"水八仙"生产区。其实吴中车坊、常熟琴湖、沙家浜等地方历史上也大量出产水芹、荸荠、鸡头米、茭白等。

三、建立"水八仙"域外生产区

浙江长兴县的夹浦、新塘临西太湖，与娄葑地理环境相对接近，泖田多，几乎无工业（工业主要集中在李家巷、雉城）。鉴于吴中区"水八仙"发展空间的限制，考虑在长兴建立"水八仙"域外生产区不失是另一种选择，即技术、品牌、市场的输出，以无形搏有形。

徐宝树：上海交通大学研究员，曾任上海交通大学区域发展研究所所长，从事农村规划与农业研究 40 余年，退休后组建公司从事有机农业开发与研究。

四、"水八仙"国家地理标志认证

农产品地理标志，是指标示农产品来源于特定地域，产品品质和相关特征主要取决于自然生态环境和历史人文因素。"水八仙"生产地域明确、生物学特征明显、历史可以追索。申请国家地理标志认证，有重大商业意义、文化意义、环境意义，其一容易获得政府关注，并得到政策与财政的支持；其二容易获得社会认同，扩大市场影响力；其三容易获得学术界兴趣，提高"水八仙"的科技含量。

五、全产业链的打造

"水八仙"是传统作物，种性决定了它的适种地域狭窄、产量有限、费时耗工。随着土地商业机会的增加、资材价格上升、劳动成本的提高，即使没有水土环境遭到破坏、城市高速扩张等因素，其在本地仍然是难以为继。这里有个案例借鉴：崇明岛是中华绒螯蟹的原产地，但是，商品蟹主产区并不在崇明岛，崇明人凭借种蟹、技术、市场、品牌等，以老毛蟹公司为核心，在全国建立了超过 100 万亩的商品蟹生产基地，是一种打造全产业链非常成功的商业模式。所谓全产业链即"技术开发链——生产组织链——产品供应链——客户服务链——价值增值链"的全过程。

六、争取高校研究机构的参与

目前，"水八仙"现况堪忧，仅仅靠老农、专业人士、媒体的呼吁是远远不够的，声音太微弱。因此，非常需要高校研究机构的高水平的科学家、工程师的参与。某种程度我们可以把"水八仙"看成是濒危物种，从拯救角度出发，开展科学研究。同时，根据费时耗工的问题，开展技术创新、装备研制。相信政府一定是支持的，列入国家科研计划、物种保护计划、生境保护计划、产业化计划等不是没有可能的。

七、与水环境修复工程结合

"水八仙"包含了沉水、浮水、挺水等多种水生植物形态，其本身具有良好的水体修复功能，与其推广其他水生植物，倒不如将"水八仙"作为修复植物材料提倡应用（但产品不能食用）。

八、生态文明的教化

建设生态城市绝不是简单的蓝天白云、绿水青山，更重要的是应该建立一种机制，形成竞争、共生、互济的生存方式，即生态文明的培植。"水八仙"的处境反映了城市建设中过分强调物质空间的建设，而忽视民众生态文明建设，对其重要性的认识严重不足。城市文化中过分突出"人定胜天"的霸道文化，而忽视"天人合一"的共生文化。今后"水八仙"的命运主要取决于能否全面提高国民生态文明意识，学会尊重自然、敬畏自然，在生产经营活动、日常生活中自觉摒弃反自然的不良习俗，逐步形成人与自然和谐相处的价值观。

一封具有真知灼见的信（即前文），引起汉声编辑的兴趣，我们在上海采访了徐宝树先生。老先生以其40年农村规划的经验与10年来有机耕种的心得为我们——谋划，展现了水八仙的广阔未来。

徐宝树谈：水八仙的未来

采访整理：翟明磊

●有农城市

翟明磊： 你在国内最早提出"有农城市"的概念，打破了城市农村二元对立的规划思路。愿闻其详。

徐宝树： 世界上许多城市都十分重视"有农城市"的建设。随着网络技术、现代交通带来生活和工作方式的改变，城市形态也将改变，城乡差别缩小，大面积的乡村农田将成为城市功能体的溶液，农田渗透入市区，而城市有机体延伸入农田之中，农田将与城市的绿地系统相结合，成为城市景观的绿色基底，这将极大改善城市的生态环境。同时，作为城市食品的重要来源地之一。

翟： 我们总是把城市与农村对立起来。苏州工业园区是古城面积的20倍，但城市规划者都没有想到，其实厂房用不了那么多地，和农村的结合可以完成得比较好。

徐： 完全可以让农田穿插其间，最典型的是日本筑波市。既是大学城、科研城，农田也穿插在建筑物之间，田照样种。所谓都市农业，虽然是美国人提出的，最能体现这个形态的，还是日本人。我为什么提出有农城市？你到伦敦去也好，香港也好，都保留一定农地。伦敦市中心区一片田园风光，最近伦敦政府欢迎非营利组织以低价承租公园土地，改成农田供居民耕种。东京银座高楼顶部甚至盖起了蜂房。香港是高度城市化的地区，还有12%的农地。日本阪神（大阪神户）地区，完全是一个城市带，高度城市化地区，它果蔬类本地供应还可以保持在20%左右。这很不容易。没有这个农地不可能保持这个比例。

●没有农业的城市是危险的

翟： 有农城市的必要性是什么？一般认为城市中不应有农田。

徐： 世界范围内人们走过了一条弯路，一开始人们认为城市化就是消灭农田景观，大城市的农产品从远方供应就可以了。结果造成严重的问题，副食品供应的季节性短缺、物价暴涨、食品安全、饮食贫困户等一系列问题的严重性超乎人们想象。传统饮食文化、饮食习惯逐渐消失，城市居民饮食生活扭曲，以进口农产品为原料，加入大量添加剂的加工食品，外出就餐成为城市居民饮食的主流，从而导致城市居民肉体与精神的承受能力下降，特别是对儿童身心健康造成很大影响，已经直接影响到民生。伴随城市化进程和农业的衰退，自然环境、农业环境从城市中消失或退行，破坏了城市景观，使城市的季

节感、自然感、生命感减退，城市景观愈显呆板；自然消失的同时，农地、农业所特有的环境保全、防灾抗灾功能降低，使城市成为"热都"和对付灾害危险脆弱的地域；城市以及周边地区的农地、农业的消失，阻碍了城市废弃物的再利用，使得城市中的物质循环变得更加困难。因此，从根本上讲没有农业的城市是危险性的城市。

翟： 你说的一点不错，补充两点。苏州正是在传统水八仙基地被工业区征用后，城市居民对水八仙的需要无法满足，才引起政府重视，开始了水八仙振兴之路。今年北京城洪水触目惊心。采访苏州水利局官员，称现在城市发洪水原因之一正是因为城市水泥面积大，地面硬质化，水无法自然渗透到地下。

●农田才是真正的城市之肺

翟： 为什么西方国家开始用农田作为城市绿化的重要部分？难道草坪和树木还不行吗？

徐： 城市小块绿地，如上海延安东路绿地，对城市环境保护当然有价值，但从生态学角度来讲，绝对不可与农田同日而语，生态功能是不能比的。我主张，农田某种程度上是城市的一个生态基地，形成立体的动植物生态系统。没有农田，生态基地就没了，你靠小块绿地来保证城市生态做不到。为什么这么说？以前强调"森林覆盖率"，现在国际上流行一个新的指标，叫"绿色容积率"。什么概念呢？就是单位的土地上面，绿色植物叶片总面积与土地面积之比，这个比例越高越好。水稻田可达到4，一般树林地是3，一般草地只有3多一点，不如稻田。如果用"绿色容积率"来比较，保留农田就非常有意义。

草坪的问题在哪里？不用农药、化肥是长不好的。绿化草坪一般用两大类草，一种叫冷地型草，一种暖地型草。冷地型草，冬天绿，夏季要休眠。休眠期病虫很多，例如最常用的高羊茅草，有六十种病害。在江南种必须大量施用农药，否则不行的，要死光的。好多高尔夫球场，大量使用"百慕大狗牙根"（结缕草），管理要求很高，不断修剪，不断用药，不断用肥，引发污染很厉害。前几年，城市在做景观时往往弄了大树进来。这大树在山里面，树的周边有自己生态系统，好多动物植物依附这棵树生成的，一旦搬过来，当地的生态小系统破坏了。它不适应城市环境，往往死掉，损失很大。前不久，合肥从越南买了上百年大紫薇，大部分都死掉。

正因为上述原因，发达国家才选择了将农田作为城市生态绿化的新路径。传统的农田与当地自然环境共存了千年，不像外来的绿化物种会引发环境问题。

瞿：水八仙作为城市农田可以吗？

徐：我认为可以的，特别是作为城市中一部分湿地，完全可以用。植株可以正常生长出来，当然种了以后不太适合吃，因为城市污泥重金属含量比较高。我强调水八仙作为修复水体与修复土壤材料来用，来替代一般水生植物。也不是绝对不能吃，中国城市重金属问题比较大，现在的上海老工业区，比如天山路、古北小区。这种地区，土壤中各种有害物质很多，虹桥地区以前重金属比正常值高40倍，现在都变成住宅区，因此都面临土壤、水体修复问题。

苏州的一些水生植物如水葫芦、水花生，是外来物种，生命力非常顽强，造成灾害。其实修复水体功能还是不错，根系吸附相当好。同样道理，水芹、莼菜、芡实等大部分水八仙植物，都可以做水体修复的植物。

我一直强调，城市中的农田还有土地资源守望功能。我是做农业的，不让你占领，把这块资源守望下来，将有效控制城镇不可建空间，阻止房地产在本区域的无序扩张，防止区域资源的过度非农化开发而造成对环境空间的收缩胁迫。农田不管大小，都是独立的生态系统，它在，就是一个完整的生态系统在。去掉了就没有了。

瞿：台湾有一个城市，政府办公楼前的大广场，政府决定改成农田，并让农民领养耕种，形成了巨大的农田广场，被称为最美丽的政府广场。

徐：有的地方认为城里有农田不整齐。农业有成长期、收获期，收获以后田里比较难看。有人不喜欢这个东西。但和生态价值相比，这微不足道，春种秋实，季相交替，反而是一种自然景观。广场做农田，不是心血来潮，而是目前城市规划中前瞻性的方向。

瞿：苏州的文史专家王稼句先生告诉我们，以前苏州城里还有大面积农田，如南园就很大，占城内五分之一面积，北园也占七分之一。"文革"时还有，一片田园风光。请问现在城市中的农田又可以起到什么作用呢？

徐：城市农业不仅具有经济功能，同时还具有更多的社会功能和生态功能，如为城市保留人口疏导与相关产业梯度转移的远景空间，城市森林景观和市民游憩的度假空间，生物多样性保育和生物移栖的生态空间，城市防灾抗灾的预留空间等。根据这些功能需求，城市农业应当由目前的"吃饭农业"向"多元化生态农业"过渡。

瞿：城市里出现农田。这是世界的一个潮流吗？还是局部地区出现的一种情况？

徐：不少地区已认识到这个重要性，我认为是一种潮流。特别是在发达的欧美国家、日本。

●有机化第一步：养水养土

瞿：水八仙的有机耕种可能性大不大？因为我发现农民用农药还是蛮多的，没有什么顾忌。违不违禁的都不管。哪个管用就用哪个。

徐：这是瞎搞，不应该这样的。我想水八仙和其他农作物有机耕种道理是一样的。首先，对环境要有严格的管制。要找一个水体比较干净，塘田里的土壤没有污染的地方。建议选择比较开阔的地带，水来源方便。最好是大江大河里面的水过来。小的臭水沟，肯定不行。水不行有机耕种就是骗人的。水质非常关键，为什么？肥药可控制，水环境控制很困难。

生产过程中，还是有办法控制的。水八仙生长中产生大量的秸秆，完全可以用好的微生物菌种进行好的处理。现在有一套托马斯菌，为中科院ETS工程中心成果，是目前国内最高效的农业益生菌制剂，现在已分离出60多种菌种，有耗氧菌与厌氧菌配套使用。厌氧与耗氧菌作用是不一样的。结合起来用，是很难的。这个菌要重新设计，否则是不融的，是排斥的，现在科技已完全成功了。为什么我强调这个呢？因为现在的土壤，在我看来是一个死的土壤——土壤需要含大量微生物，现在土壤微生物非常缺乏，尤其是缺少有益微生物，需要加各种东西进去，大大改善土壤环境。一改善，植物生长比较正常，抵抗病虫害能力大大增加。你要种水八仙，第一步，养水，养土。水毫无疑问，要很干净的。土没有污染，还要含大量有益菌种。

一旦发生病虫害后，用有机生物农药，还是有办法的。像茭白，多是螟虫类的昆虫，生物农药是可以对付的。病虫害发生，预测预报很关键。像四龄五龄的老口虫，打不死的。我们一般对付若虫，比较有效，一打就打死了。往往我们是看到虫再去打，就不对了，错失时间了。农业上有病虫害预测预报，水八仙没有人搞预测预报。要恰到好处，用药及时。

总之水八仙，有机化难度高。因为对水的要求比较高。肥料使用上还可以。对水土管理最要紧。

瞿：我们采访时，芡实田边水稻田用了除草剂，流到芡实田，芡实就不行了。

徐：没有隔离带是不行的。你要做的话，一定要隔离带。有机农业都要有隔离带，不要说流过来，漂过来也不行。隔离带不少于200米。

瞿：有好的有机农药推荐吗？

徐：一种是植物类的农药，称为植物源，另一类是微生物源，第三类是动物源，还是天敌为主。如植物源农药，最有效的是烟碱、苦生碱、印楝，特别是苦生碱，我用得蛮多的，是内蒙古出的。用量不一定很大。杀菌剂用微生物多一点。

水芹大多是秋冬季，病虫害少。即使有蜗牛，也好对付。

茭白最厉害，虫最多。茭白，针对稻田的生物农药都可以用。像对付三化螟的药，都可以用。单独针对水八仙的生物农药没有，需要到市面上去寻找。

●不用粪肥照样有机

瞿：我问过农民，水八仙有机的可能。他们说没有什么可能性。他们说粪肥没有了，怎么有机法子？

徐：这不需要粪肥，茭白叶就可以做成很好的肥料。加了催腐剂，肥料非常好，因为上海青浦茭白叶很多，我们在青浦做成有机堆肥效果很好。像芡实的叶子也可以。所有的有机肥都可以用，关键你要充分发酵。把土壤有害物质包括虫卵杀灭掉，也要加一些益生菌进去，这样做出来是活性的菌肥。

单纯直接施鸡粪、猪粪都不好，一定要充分发酵。益生菌一定要加，加和不加完全不一样，甚至影响到植物的风味。还影响保鲜期。加了，保鲜期可以长，不一样就是不一样！一般人不理解，就是这样的。

瞿：荸荠的病害比较难控制的。

徐：我不是很了解，但道理是通的，病害来源于土壤水质。种球需要消毒，高锰酸钾溶液浸泡一下。然后再种，最好种以前曝晒一下。一方面促使芽萌发，一方面起灭菌作用。包括种菱，都要有消毒。

瞿：农民说以前用粪肥，病虫害没这么多，一月打一次药就行了，现在用化肥，要一周打一次药。

徐：我想现在粪肥没有了，可不可以用浸出液的办法。用饼肥，用菜籽饼浸泡，发酵后的液体可以使用。我有一个亲戚，他搞名种莲花，开春以后，用发酵过的饼肥塞在盆泥里面，就一把。放进去这一年莲就长得特别好，不需要你频繁施肥。

瞿：农民心态是这样的，他也不愿意用化肥，因为价格也贵，但他们的概念里只有粪肥。

徐：鸡粪里重金属很多，和饲料有关系。含铜量高。当然用饼肥价格高，3000元一吨。比化肥高，起效慢，但肥效持久。

瞿：有机化，成本高。

徐：看卖什么价格，当然附加值很高，采取这些措施是值得的。如果你卖得很便宜，有机种植就不划算了。

瞿：所以销售渠道很重要。我有个朋友搞合作社，种有机萝卜。长了虫麻烦，只能让老头老太捉。另外萝卜附加值不高，在阜阳超市卖买者都少，种下来亏本很多。

徐：搞有机种植必须是高附加值，否则做不下来的。我在松江涌禾农场那儿做过有机耕种。以有机水稻为例，成本接近1800元到2000元一亩地，这是直接成本——劳动力、肥料、种子、用料、灌溉。平均一斤大米价格就在三块钱，市面上大米只有一块二三。所以这种大米不卖十块钱肯定亏本。因为还有管理成本。蔬菜，一季以黄瓜为主，一斤有机黄瓜价格也摊到六七毛，你卖得很低不行。黄瓜还是合算的，你种鸡毛菜，产量很低很低。一季1200斤就不错了。

渠道、价格非常重要，附加值太低没有办法做有机农业。

瞿：慈姑、茭白、荸荠，今年价格降得很厉害，所以你的建议蛮对的，要建立一个水八仙生产链，统一商标，才有希望。否则零散的小农经济做不好。

●大棚之弊

瞿：你对大棚种植是怎么看的。

徐：大棚是没有办法的办法。大棚一定要种，因为有供应上的问题。到了淡季、冬季，没有大棚，蔬菜供应不上。大棚高温高湿，病虫害控制难度大。增加了用药的机会，某种程度上，大棚蔬菜毒素要比陆地的要高。这是肯定的。

瞿：大棚种植对土壤有什么问题？

徐：因为连续的大棚生产，不淋雨嘛，完全靠滴管，一般三四年种下来，亚硝酸盐含量大大提高。还有次生盐泥化。造成严重的连作障碍，种不出东西了。我今天上午去涌禾农场大棚看了一下，现在第四年了，播种的小青菜，种子撒上去，水供上去，稀稀拉拉，出不了几棵。明显连作障碍，出苗都困难。

●光处理法种水八仙

瞿：现在大棚种植比较普遍，为了抢先上市，现在浙江茭白用大棚比较多。口味都比较差。又有一部分农民认为现在获利就要种大棚，包括菱角也要种大棚。

徐：种肯定是好种的，病虫害的控制有难度。大棚也有可能做有机，但用药的次数要增加。生物农药，也不能连续用，太多也不行。按有机农业原则，最好是不用，哪怕是生物农药也不用。最理想状态是这样的，现在很难做到。大棚种水八仙也不妨是个路径，可以考虑的。只要提炼比较好的栽培措施，我认为值得研究，我蛮感兴趣。我们不妨在学校里立个题目来做。什么时候与鲍所长见一个面，我组织一下，年纪大了，我自己做也不行了，找年轻人来做。

其实抢市场先机，除了大棚还有更科学环保的方法。我们还可以用光办法的处理，促进它生长，促进它早开花。传统光源（白灼灯、高压钠灯、日光灯）均为散射光，有许多垃圾光。大部分光对植物没有用。用光的处理，LED方法，光源选择红光、蓝光、远红外光。我们配光来做，成本不高，不要天天处理。关键时期，处理两三天，可以打破其生长周期，作用蛮明显的。

瞿：光处理以后，植株、口味会有变化吗？

徐：可能植株矮一点，壮实一点。有可能，开花期会提前。